3,000가지
우주이야기

저자 조엘 레비 Joel Levy는 과학 역사에 대한 전문가로, 영국과 프랑스에서 유명 작가로 활동하고 있다. 특히 신기한 과학적 현상과 또는 과학으로는 도저히 설명 할 수 없는 현상에 관한 글을 주로 썼다. 지은 책으로는 우리가 자주 접하는 일상용품의 기원과 그 미스터리한 뒷이야기를 쓴 베스트셀러 『아주 유용한 것들』Really Useful과, 『비밀과 음모의 세계사』 등 다수가 있다.

번역자 최용숙은 건국대학교에서 환경공학을 공부했으며, 한국방송통신대학에서 영문학사를 받았다. 영국 London Berckbeck College, English Literature Course와 Westminster Language Center, CPE Course를 수료했다. 2008년 9월 현재 영국 Sussex College, Linguistics and English 석사과정 입학허가를 받아 유학준비 중이다. 번역한 책으로는 『리더십 21가지 법칙』이 있다.

3,000가지 우주이야기

지은이 / 조엘 레비
옮긴이 / 최용숙
펴낸이 / 조유현
펴낸곳 / 늘봄
편　집 / 이부섭
디자인 / 황미경

등록번호 / 제1-2070 1996년 8월 8일
주　소 / 서울시 종로구 충신동 189-11 동국빌딩 3층
전　화 / (02)743-7784
팩　스 / (02)743-7078

초판 1쇄 펴냄　2009년 4월 20일

ISBN 978-89-88151-91-4 03300

Universe In Your Pocket by Joel Levy
Copyright© 2004 Elwin Street Limited

This translation is published by arrangement with Elwin Street Limited. through Yu Ri Jang Literary Agency, Korea. All rights reserved. Korean translation Copyright© 2009 by Nulbom Publishing Co.
* 이 책의 한국어판 저작권은 유리장 에이전시를 통해 저작권자와 독점 계약한 늘봄에 있습니다. 신저작권법에 의해 한국 내에서 보호를 받는 저작물이므로 무단 전재와 복제를 금합니다.

인·류·지·식·의·보·물·창·고·휘·태·커·연·감
Whitaker's Almanac

*3,000가지
우주 이야기

조엘 레비 지음 최용숙 옮김

늘봄

7 우주
천문학적 거리 측정 8 | 빅뱅 9 | 은하, 별, 별자리 12 | 점성술과 십이궁 19

21 태양계
태양과 달 23 | 혜성 25 | 행성 27 | 우주여행 34 | 인공위성 37 | 주요 UFO 관측 39

43 지구
지구에 관한 통계 44 | 지구의 구조 46 | 지질시대 구분 48 | 극지, 위도, 경도 49 | 대기권 54 | 기후지대 56 | 바람과 날씨 58 | 오존구멍 59 | 텍토닉 플레이트 60 | 화산과 지진 62 | 산맥과 크레이터 65 | 지구생물권 67 | 대양, 강, 호수, 폭포 69 | 지구 최후의 날의 가상 시나리오 74

79 세계의 국가
지역, 인구, GDP, 수도, 주요언어 80 | 무기와 군대 88 | 어디에서 살기를 원하시나요? 90

93 식물과 동물
생물계(界) 94 | 동물을 나타내는 다양한 표현들 96 | 가장 크고 가장 나이가 많은 생물 98 | 기록을 깨뜨린 식물 99 | 기록을 깨뜨린 동물 100 | 위험한 동물 103

인체 — 105

놀라운 인체 106 | DNA와 인간게놈 프로젝트 111 |
신체내의 뼈 114 | 뇌 116 | 최고의 감각 118 |
세계 사망률의 주원인 120

인간의 업적 — 123

공학 분야의 위대한 업적 124 | 가장 위대한 댐, 다리, 빌딩 124 |
기원전 3만 년에서부터 살펴본 세계 문화적 시각표 129 |
세계의 6대 불가사의 133 | 위대한 발명 135 |
속력에 관한 기록 137

일반상식 정리 — 139

제곱, 세제곱, 루트 140 | 기초기하학 공식 141 |
국제단위계 142 | 온도변환 143 | 무게와 측정단위 144 |
알코올의 표준강도분류법 147 |
빅맥 경제지표 148 | 국가 통화 149 | 나침반 151 |
깃발과 부호, 무선 전문신호, 국제 신호기 153 |
이모티콘과 국제수화 157 | 일반적 라틴어 관용구 160 |
로마, 중국숫자와 그리스 알파벳 162 |
전 세계의 새해 165

참고서적과 웹사이트 | 166
찾아보기 | 168

우주
THE UNIVERSE

천문학자들은 두 가지 방법으로 우주의 나이를 추정한다. 첫째, 우주에서 가장 오래된 별을 찾아 그 나이를 측정하면 그것이 우주의 나이와 비슷할 것이라고 추정하는 것이다. 둘째, 우주의 밀도를 측정하여 우주의 팽창속도를 알아낸 다음 우주의 나이를 역으로 추정하는 방법이 있다. 이를 '외삽법'이라고 한다.(외삽법外揷法 – 어떤 범위 안에서 몇 개의 변수 값에 대한 함수를 찾았을 때, 이 범위 외의 변수 값에 대한 함수를 찾는 방법. 보외법이라고도 한다. : 역주)

첫 번째 방법으로, 가장 오래된 별은 같은 나이의 별들이 빽빽이 떼를 지어 모여 있는 구상성단에서 발견되는데, 그 나이가 110억 년에서 180억 년 사이로 추정된다. 둘째로 외삽법을 이용하여 추정한 우주의 나이는 115억 년에서 145억 년으로, 결국 우주의 나이는 대략 130억 년 정도라는 합의점에 도달한다.

단위의 이름	단위의 유래	거리
1AU(천문학적 기본단위)	지구와 태양사이의 평균거리	149,664,900km
1광년	빛이 일 년 동안 가는 거리	9,460,800,000,000km
1광초	빛이 일 초 동안 가는 거리	300,000km
10억분의 1 광초 (light nanosecond)	빛이 10억 분의 1초에 이동하는 거리	30cm
1파섹(Parsec)	연주시차가 1초일 때 해당하는 거리*	3,258 광년 (30,823,286,000,000km)
메가파섹(Megaparsec)	1백만 파섹	3,258,000광년

* 시차(Parallax)는 이동하는 관찰자가 각각 다른 거리에서 고정된 물체(별)를 볼 때 그 사이의 각을 말하며 호(arc)의 단위로 측정된다. 일 초는 일 분의 1/60이고 1도의 1/60에 해당한다. 연주시차는 지구가 태양을 중심으로 공전할 때 6개월간 이동하여 만들어진 그 사이 각의 절반을 말한다.

우주는 얼마나 큰가?

우주의 크기는 밀도, 우주의 팽창여부, 또는 그 상태에 따라 다르다. 만약 계속 팽창한다면 우주는 무한히 크다. 또한 안정된 상태로 유지되거나 붕괴된다면 우주는 1,000억 광년 정도까지 다다를 수 있다. 우주의 거대한 규모로 인하여 우주를 측정할 때 특별한 거리측정 단위가 사용된다.(옆 쪽 표 참조)

빅뱅 Big Bang

현 이론에 따르면 초기의 우주는 극도로 작고 뜨거웠다. 하지만 급격한 팽창을 거쳐 현재 우리가 알고 있는 우주를 형성하게

우주의 시작 이후의 시간	주요 현상	설명
10^{-43}초	플랑크 시대 Planck era와 인플레 시대 Inflationary era	시간과 공간이 존재하지 않는다. 물질과 방사능 모두 존재하지 않는다.
10^{-12}–10^{-10}초	방사능이 우주를 채운다.	빅뱅이 시작된다. 우주는 방사능의 아주 높은 에너지로 채워진다.
10^{-4}초	물질이 생성된다.	물질의 기본이 되는 양성자와 중성자가 형성된다.
100초	핵합성	양성자와 중성자가 수소, 헬륨, 리튬과 같은 가장 가벼운 원소의 원자핵이 만들어진다.
500,000초	첫 원자의 형성	원자핵이 전자를 획득해서 수소, 헬륨, 리튬과 같은 첫 번째 원자를 만든다.
10억 년	별의 형성	중력으로 가스가 공 모양으로 뭉친다. 스스로의 무게로 붕괴될 때까지 커지다가 융합이 일어나며 첫 별이 생겨난다.
20억 년~현재	우리가 알고 있는 우주의 형성	융합으로 더 무거운 원소가 만들어진다. 행성이 형성되고 생명이 탄생한다.
다음은	우주의 끝일까?	우주는 계속적으로 팽창과 냉각을 반복한다. 결국 별은 자신의 에너지를 다 소진하고 우주는 식어간다.

되었다. 앞 표는 빅뱅의 과정과 그에 따른 우주의 발전과정에서 나타나는 주요한 현상을 정리했다.

우주에서 가장 오래된 빛

미국항공우주국NASA의 위성은 2003년 2월, 가장 선명한 빅뱅의 잔광을 포착했다. 과학자들은 이 새로운 우주 사진을 찍기 위해 WMAP^{Wilkinson Microwave Anisotropy Probe} 위성을 사용했다.

이 빛은 빅뱅이 발생하고 380,000년 후에 나온 것인데 우주 마이크로파 배경으로 알려져 있으며 지구까지 도착하는데 130억 년 이상 우주 속을 여행한 것이다. 과학자들은 이 빛 안에서 나중에 은하의 성운으로 자랄 미세한 패턴의 근원을 발견했다. 이 패턴은 우주에 고르게 퍼져있는 마이크로파 안에서 아주 극미한 온도 차이를 말한다. 지금 이 빛은 평균적으로 절대온도 0도를 넘어 몹시 추운 2.73도이다. 이 새로운 사진은 1퍼센트의 오차로 우주의 나이를 정확히 137억 년으로 못 박았다. 이 자료

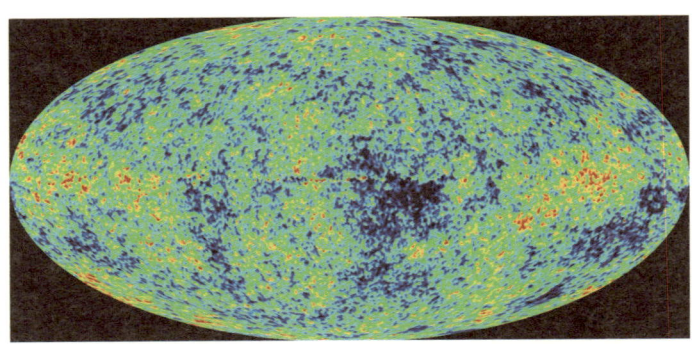

온 우주의 가장 오래된 빛을 표시한 천체지도. 빨간 색은 상대적으로 따뜻한 지점을, 파란 색은 보다 낮은 지점을 가리킨다. 출처: NASA/WMAP.

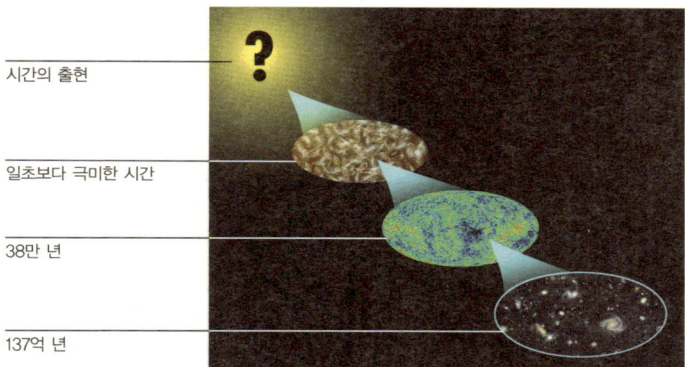

- 시간의 출현
- 일초보다 극미한 시간
- 38만 년
- 137억 년

잔광 내 무늬는 은하로 성장한다.

는 우주의 1세대 별들이 빅뱅 후 단지 2억 년 후에 발화되었다는 것을 말해주는 것으로 앞서 정리한 빅뱅의 표에서 표준 모델이 제시하는 것 보다 훨씬 빠른 것이다.

외계행성 Exoplanets

외계행성은 태양계 바깥에 있는 별들의 주위를 돌고 있는 행성이다. 첫 번째 외계행성은 51 페가시^{Pegasi} A로 1995년 마이클 메이어$^{Michel\ Mayor}$와 디디에 퀼로즈$^{Didier\ Queloz}$가 이끄는 스위스 팀에 의해 발견되었다. 이 후, 150개가 넘는 외계행성들이 탐지되었다.

현재까지 알려진 가장 오래된 외계행성은 5,600광년 떨어져 있는 전갈자리의 M4 구상성단 안에 있는 쌍성 주위를 돌며 나이는 130억 년으로 추정할 수 있다.

지금까지 발견된 것 중 가장 짧은 궤도 주기를 갖고 있는 행성은 Ogle-TR-3 A로 28시간 33분 만에 자신의 항성 주위를 돌며 외양이 목성과 비슷하다. 자신의 항성 가까이에서 궤도를 돌며 목성과 닮은 또 다른 행성은 HD209458 B로 150광년 떨어져 있다. 허블 망원경을 이용한 관측 결과 그 행성의 수소 가스체가 초당 1만 톤의 비율로 증발되고 있음을 알 수 있다.

가장 먼 외계행성은 앞서 언급한 행성으로 M4 구상 성단 내에 있고 5,600광년 떨어진 거리에 있다. 외계행성 엡실론 에리다니$^{Epsilon\ Eridani}$ C는 목성의 1/10 크기이고 10광년 떨어져 있으며 이제까지 탐지된 외행성 중 가장 가깝고 가장 작다.

은하 Galaxies

나선은하$^{Spiral\ galaxies}$ 우리 은하도 그 중 하나다. 공 모양 또는 막대 모양에서 팔이 뻗어 나와 있다. 지구와의 방향에 따라 '가장 자리' 또는 '정면' 나선은하로, 특히 밝은 경우 시퍼트^{Seyfert} 은하 하위에 분류된다.

타원형은하$^{Elliptical\ galaxies}$ 팔 모양 부분이 없고 뭉그러지거나 둥근 형태.
불규칙은하$^{Irregular\ galaxies}$ 뚜렷한 형태가 없다.
전파은하$^{Radio\ galaxies}$ 열을 방사하는 매우 뜨거운 은하.
준항성체^{Quasars} 매우 어린 은하 중심에서 관측되며 전자파의 반사로 보여 진다.

우리와 가장 근접해 있는 나선은하는 안드로메다은하이다. 220만 광년 떨어진 거리에 있고 육안으로 볼 수 있는 가장 멀리 떨어져 있는 은하이다. 더욱이, 안드로메다은하는 우리 은하 외부에서 육안으로 볼 수 있는 유일한 은하이다.

우리와 가장 근접해 있지만 육안으로 보이지 않는 은하는 궁수자리 난쟁이은하 Sagittarius dwarf galaxy로 10만 광년 떨어져 있다. 육안으로 보이는 가장 근접한 은하는 대 마젤란은하로 169,000광년 떨어져 있다.

이 모든 이웃한 은하들과 우리 은하수는 이른바 국부 은하군의 일부이며 4,500만 광년 떨어진 처녀자리 성단을 향해 초속 603km로 돌진하고 있다.

은하수 The Milky Way

우리 은하는 이른바 은하의 중심지점을 공전하는 나선은하이다. 은하의 중심지점은 아마 태양보다 백만 배는 더 무거운 거대한 블랙홀의 본거지일 것이다. 그러나 블랙홀의 거대하고 육중한 중력장은 빛조차 빠져나올 수 없다는 것을 의미하기 때문에 그 누구도 확실히 알 수는 없다.

은하수의 '중심'은 무수한 별들로 이루어진 돌출부이다. 우리 태양계는 그 중심에서 나선형의 바깥쪽 가는 팔 모양의 부분 중 하나의 가장자리에 위치해 있다. 이 팔 모양의 부분을 오리온팔이라고 하는데 그 이유는 오리온 별자리에 있는 밝은 별들을 포함하고 있기 때문이다.

은하수 내 별의 개수 : 약 2,000~7,000억 개
거리 : 10만 광년
두께 : ~2,000~5,000광년

국부 은하의 중심을 향한 은하수의 움직이는 속도 : 초속 40km

가장 가까운 별들

우리 태양계와 가장 가까운 별은 사실상 세 개의 별로 구성되어 있으며 알파 센타우리계$^{Alpha\ Centauri\ system}$라고 한다. 그것은 알파 센타우리, 리길 켄카우루스$^{Rigil\ Kentaurus}$와 프록시마 센타우리$^{Proxima\ Centauri}$로 구성되어 있다. 프록시마 센타우리는 두 자매 별들보다 우리와 조금 더 가깝다. 즉 프록시마 센타우리는 지구에서 4.22광년 거리(40조km)에 있다. 알파별은 지구에서 4.35광년 거리(41조 2,000억km)에 있다. 태양은 지구와 가장 가까운 별이다.

별의 수명

모든 별은 성운에서 태어난다. 이곳은 거대한 가스 구름으로 이루어진 별의 육아실로 그 중 일부가 아주 커다란 천체로 붕괴되면 별들로 발화할 수 있다. 우주 내 모든 별 하나하나가 똑같은 방식으로 생겨난다.

이 초기 공 모양의 가스 크기에 따라 별의 일생이 결정된다. 공 모양의 가스가 너무 작으면 전혀 발화하지 않고 대신 매우

Fact
95광년 떨어진 별 HD70642는 우리와 가장 유사한 행성계를 가지고 있다. 그것은 6년마다 한 번씩 궤도를 도는 목성(목성의 주기는 12년)과 비슷한 천체이므로 이 별 주위에 마치 태양과 지구처럼 생명체의 진화에 알맞은 거리의 행성이 있을 가능성이 크다.

큰 목성과 같은 갈색의 거인행성이 될 것이다. 보통 크기라면 우리의 태양과 비슷한 길을 따를 것이다. 공 모양이 육중하다면 결국 블랙홀이 될 수도 있다.

별자리 Constellations

별자리는 밤하늘의 별들 사이에 그려 놓은 상상의 무늬이다. 동굴 벽에 그려졌거나 선사시대 뼈와 바위에 보존된 당시의 별

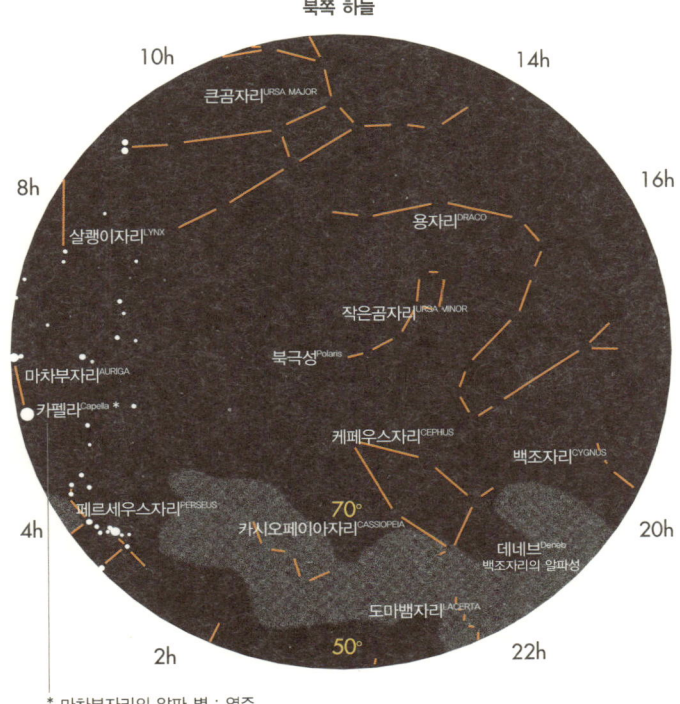

북쪽 하늘

* 마차부자리의 알파 별 : 역주

지도들을 통하여 우리는 오늘 우리가 보는 별자리들 중 일부가 빙하 시대의 인간들에게도 똑같이 보였음을 알 수 있다. 그러나 오늘날 우리가 사용하는 별자리 이름의 대부분은 고대 그리스에서 생겨났다.

1922년 국제천문학클럽$^{IAU : International Astronomical Union}$은 아래의 별 지도에 있는 88개 주요 별자리의 이름과 형태를 표준화했다.

별자리의 위치를 찾는 데는 반복적인 연습과 천체지도가 필요하다. 가장 쉬운 방법은 먼저 가장 찾기 쉽고 익숙한 별이나

남쪽 하늘

별자리를 찾는 것이다. 가장 잘 알려진 별자리는 북반구에 집단을 이루고 있는 큰곰자리(북두칠성)와 남반구에 있는 남십자성이다. 아래 그림에서 회색부분은 은하수의 위치를 나타낸다.

별자리	보통 명사	반구위치	별자리	보통 명사	반구위치
안드로메다 Andromeda	카시오페이아의 딸자리	N	시퓨스 Cepheus	세페우스자리	N
앤틀리아 Antlia	공기펌프자리	S	시터스 Cetus	고래자리	N/S
아푸스 Apus	극락조자리	S	카멜레온 Chamaeleon	카멜레온자리	S
아쿠아리우스 Aquarius	물병자리	N/S	써시너스 Circinus	컴퍼스자리	S
아퀼라 Aquila	독수리자리	N/S	컬럼바 Columba	비둘기자리	S
아라 Ara	제단자리	S	코마 베러나이시즈 Coma Berenices	머리털자리	N
애리즈 Aries	양자리	N/S	코로나 오스트레일리스 Corona Australis	남쪽왕관자리	S
어라이거 Auriga	마차부자리	N			
부티즈 Bootes	목동자리	N	코로나 보리앨리스 Corona Borealis	북쪽왕관자리	N
캐룸 Caelum	조각칼자리	S			
캐멀레퍼더스 Camelopardus	기린자리	N	코버스 Corvus	까마귀자리	N/S
캔서 Cancer	게자리	N/S	크레이터 Crater	컵자리	N/S
케인즈 베너티치 Canes Venatici	사냥개자리	N	크럭스 Crux	남십자자리	S
			시그너스 Cygnus	고니자리	N
캐니스 메이저 Canis Major	큰개자리	N/S	델파이너스 Delphinus	돌고래자리	N/S
캐니스 마이너 Canis Minor	작은개자리	N/S	도라도우 Dorado	황새치자리	S
			드레이코 Draco	용자리	N
캐프리코너스 Capricornus	염소자리	N/S	에쿨리어스 Equuleus	조랑말자리	N/S
			이리더너스 Eridanus	에리다누스자리	N/S
카리나 Carina	용골자리	S	퍼낵스 Fornax	화로자리	S
			제머나이 Gemini	쌍둥이자리	N/S
카시오페이아 Cassiopeia	카시오페이아자리	N	그루스 Grus	두루미자리	S
센타우러스 Centaurus	센터우루스자리	N/S	헐큘리즈 Hercules	헤라클레스자리	N

별자리	보통 명사	퍼짐 범위	별자리	보통 명사	퍼짐 범위
호럴로지엄 Horologium	시계자리	S	파이씨즈 오스트레일리스 Pisces Australis	남쪽물고기자리	S
하이드라 Hydra	바다뱀자리	N/S			
하이드러스 Hydrus	물뱀자리	S	퍼피스 Puppis	고물자리	S
인더스 Indus	인디언자리	S	픽시스 Pyxis	나침반자리	S
라서타 Lacerta	도마뱀자리	N	리티큘럼 Reticulum	그물자리	S
리오 Leo	사자자리	N/S	사지타 Sagitta	화살자리	N
리오 마이너 Leo Minor	작은사자자리	N	섀지테리우스 Sagittarius	궁수자리	N/S
레퍼스 Lepus	토끼자리	S	스콜피어스 Scorpius	전갈자리	N/S
라이브라 Libra	천칭자리	N/S	스컬프터 Sculptor	조각가자리	S
루퍼스 Lupus	이리자리	N/S	스큐텀 Scutum	방패자리	N/S
링스 Lynx	살쾡이자리	N	설펜즈 Serpens	뱀자리	N/S
라이어라 Lyra	거문고자리	N	섹스턴즈 Sextans	육분의자리	N/S
멘사 Mensa	테이블산자리	S	타우러스 Taurus	황소자리	N/S
마이크로스코피움 Micro-scopum	현미경자리	S	텔러스코피엄 Telescopium	망원경자리	S
모노서러스 Monoceros	외뿔소자리	N/S	트라이앵귤럼 Trriangulum	삼각형자리	N
머스카 Musca	파리자리	S	트라이앵귤럼 오스트레일리스 Triangulum Australis	남쪽삼각형자리	S
노마 Norma	직각자자리	S			
악턴 Octans	팔분의자리	S	투카나 Tucana	큰부리새자리	S
오피어커스 Ophiuchus	뱀주인자리	N/S	얼사메이저 Ursa Major	큰곰자리	N
오리온 Orion	오리온자리	N/S			
파보 Pavo	공작자리	S	얼사마이너 Ursa Minor	작은곰자리	N
페가수스 Pegasus	페가수스자리	N	빌러 Vela	돛자리	S
페르시우스 Perseus	안드로메다의 구조자	N	벌고우 Virgo	처녀자리	N/S
피닉스 Phoenix	불사조자리	S	보우랜즈 Volans	날치자리	S
픽터 Pictor	화가자리	S	벌페큘러 Vulpecula	작은여우자리	N
파이씨즈 Pisces	물고기자리	N/S			

북반구에서 북극성은 중앙에 있다. 밤하늘에서 북극성을 찾으려면 우선 큰곰자리의 위치를 찾고 큰 국자 모양의 북두칠성을 찾는다. 북두칠성의 국자의 끝별인 알파성과 그 전의 별인 베타성과의 간격만큼을 5배 연장하면 그곳에 북극성이 있다.

 아래는 북반구와 남반구에서 우리 눈에 보이는 88개 별자리들이다. 이 별자리들은 계절에 따라 더 높아지거나 더 낮아진다. 또한 그 중 많은 별자리들이 계절에 따라 북반구에서만 보이고 혹은 남반구에서만 보이기도 한다. 어떤 별자리는 오랜 기간 두 반구 모두에서 보이기도 한다. 특정 기간에 두 반구 모두에서 보이는 별은 표에 N/S로 표시한다.

십이궁 The Signs of the Zodiac

 오늘날에도 많은 사람들은 천체에 관한 연구인 천문학과, 인간의 개인적인 일에 미치는 별의 영향에 관한 연구인 점성술을 혼동한다. 사실 17세기까지 이 둘 사이에는 어떠한 차이도 없었고 천문학을 미신에서 과학으로 바꾸는 데 기여한 타이코 브라헤Tycho Brahe와 요하네스 케플러Johannes Kepler와 같은 초기 위대한 천문학자들조차도 점성가로서 명성을 얻어 생계를 이어나갔다.

 우리가 알고 있는 십이궁별자리의 형성은 바빌로니아시대(세 번째 천년 기 BCE*, 혹은 그 이전으로 거슬러 올라간다.

---

* BCE(Before the Common Era)는 서력기원전을 나타내며 BC(예수 탄생 전, Before Christ)보다 즐겨 사용된다. 그럼에도 불구하고 기준점으로 '0'이라는 똑같은 날짜를 취한다. 즉 예수의 탄생이다.

태양계

THE SOLAR SYSTEM

태양계는 은하수 바깥쪽 나선팔의 하나인 오리온자리의 팔에 위치해 있고 중심으로부터 약 2만 7,000광년 거리에 있다. 약 46억 년 전 주로 수소로 이루어진 가스 구름과 먼지가, 평평한 원반으로 둘러싸여 있는 거대한 구와 하나가 되면서 형태를 갖추게 되었다고 여겨진다. 중심에 있는 가스 덩어리는 자신의 무게 때문에 붕괴되고 핵융합을 일으켜 별, 즉 지금의 태양이 되었을 것이다. 또한 원반내의 경미한 섭동攝動(행성 간 인력으로 다른 행성의 운동을 교란 : 역주)으로 고밀도 지역이 증가되었고 이들이 주위의 많은 가스와 먼지를 끌어당겨 행성을 형성했다.

은하 중심으로부터의 거리 : 2만 7,000광년
은하 중심 주위를 도는 속도 : 초속 244km
은하 중심 주위를 한 바퀴 도는 데 걸리는 시간 : 2억 5,000만 년
나이 : 46억 년
태양에서 가장 먼 행성까지의 거리 : 74억km
태양에서 가장 멀리 떨어져 태양 주위를 돌고 있는 물체 : 1996 TL66(얼음과 바위로 된 구체), 태양으로부터의 거리는 193억km이다.
태양이 영향을 미치는 최대 반경 범위(헬리오포즈 heliopause 라는 별칭을 가지고 있음) : 483억km
태양계 내 이정표 : 가장 먼 행성은 명왕성, 태양으로부터 74억km, 훨씬 먼 곳은 193억km에 있는 카이퍼띠 Kuiper belt (혜성들의 고리), 태양 분자의 범위 한도인 헬리오포즈는 483억km 떨어져 있고 오르트의 구름 Oort Cloud (장기 혜성들의 발단)은 10조km 떨어진 곳에 있다.

태양

태양은 지름이 약 40만km에 달하는 뜨거운 내핵과 대류성 지대로 알려진 두께가 약 50만km에 달하는 불투명한 바깥층으로 이루어져 있다. 열기는 안쪽의 핵에서 대류성 지대를 통해 표면이나 몇백km의 두께인 광구(태양 따위 항성의 표면 : 역주)로 옮겨 간다. 여기서 빛과 열기가 몇천km의 두께를 가진 채층(태양 둘레의 홍색 가스층 : 역주)과 코로나로 되어 있는 투명한 대기를 통해 방출된다. 코로나는 우주로 수백만km까지 확장할 수 있다.

나이 : 46억 년

스펙트럼 유형 : G2V

절대 등급 : 4.8

지구에서의 거리 : 1억 5,000만km(~8광분)

예상 수명 : ~100억 년

직경 : 139만km(지구 직경의 109배)

질량 : 1.989×10^{30}kg(태양계의 전체 부피의 99.8퍼센트), 태양 안에 130만 개의 지구가 들어갈 수 있다.

온도 : 표면 6,000°C, 핵 15,600,000°C

핵 압력 : 2,500억 대기

구성 : 수소 75%, 헬륨 25%, 다른 원소 0.1% 이하. 태양은 매 초마다 7억 미터톤의 수소를 6억 9,500만 미터톤의 헬륨으로 바꾸는데 그 차액은 에너지로 변환된다. 대부분의 빛이 방출되는 바깥층의 하나인 광구는 보름달보다 398,000배나 더 밝고, 화창한 날 같은 크기의 맑은 하늘의 일부보다 1,000배나 더 밝다.

태양 흑점 Sunspots

 태양 표면에 있는 점들은 실제로 지름이 몇천km에 달하는데 주위보다 온도가 낮고 어둡다. 그 점들은 강렬한 국부적인 자장 때문에 생기는데 정확히 어떻게 그 자장이 냉각을 일으키는지 완전하게 설명되지 않고 있다. 다만 이런 흑점의 출현은 태양에서 부는 태양풍, 즉 활동적인 미립자 흐름내의 변동과 관련이 있을 것이라는 정도로 파악된다. 이 변동은 지구의 자기권과 전리층(태양 표면에서 플레어가 발생하면서 생겨나는 엑스선이나, 태양 우주선이라고 부르는 강한 에너지를 띤 알갱이들은 지구의 전리층에 영향을 주어 전파를 교란시키게 되며 통신이 잘 되지 않는 일이 생긴다 : 역주, 54쪽 참고)에 영향을 미치고 심지어 기후에도 많은 영향을 미친다. 17세기 후반 런던의 템즈 강이 몇 차례 얼어붙었던 '작은 빙하시대'와 지구 역사상 아주 추운 기간들은 태양의 흑점 활동이 감소된 기간과 밀접한 관련이 있다. 이런 흑점의 수는 11년을 주기로 증가하고 감소하는데, 지난번 최고점은 2001년경이었고 다음은 2012년으로 예상된다.

달 The Moon

 과거에 일부 과학자들은 달이 지구로부터 쪼개져 나간 바위에서 만들어졌고 그로 인해 환태평양 지역에 함몰이 생겨났다고 믿었다. 다른 과학자들은 지구의 중력에 '포획된' 탈선한 행성이라고 주장했다. 현재 월석에 대한 분석을 통해 알려진 달의 형성은 다음과 같다. 화성 크기의 행성이 초기의 지구에 충돌했을 때 거대한 암석이 분출되었고 이것이 지구 주위에 한 고리를 형성했으며 나중에 이것이 결합하여 우리가 아는 현재의 달이 형성되었다.

  지구에서의 거리 : 384,000km
  직경 : 3,476km
  질량 : 7.35×10^{22}kg(100억조kg)
  지구에서 본 달 표면의 주요 특징들 : 옅은 색을 띤 고지와 산봉우리, 마리아(어두운 용암 평지)
  표면 온도 변화 : $-180°C \sim +115°C$
  궤도의 길이 : 달은 27.32일마다 지구를 돈다.
  달의 위상변화 순서 : 초승달→차오르는 초승달→상현달→차오르는 볼록달→보름달→기우는 볼록달→하현달→그믐달

혜성 Comets

혜성은 얼음, 먼지, 간혹 암석으로 된 구체이며 보통 태양계의 맨 가장자리에 있고 오르트 구름$^{Oort\ Cloud}$(태양계 외곽에는 태양의 약한 중력에 붙들린 얼어붙은 천체가 많이 모여 있다. 이 천체들이 태양의 인력에 끌려 태양계 안으로 들어오면 혜성이 된다 : 역주) 내에 있다. 이 구체들은 이동하거나 태양 주위를 타원형이나 중심을 달리하는 이심궤도로 돌기 시작하는데 아직 그 정확한 원인은 밝혀지지 않았다. 만약 하나의 혜성이 태양에 충분히 가까이 가면 태양풍의 압력이 얼음과 암석의 입자들을 표면으로부터 증발시키고 이것은 혜성 뒤에서 꼬리 같이 빛을 내며 나부낀다. 이것이 우리가 지구에서 보는 혜성의 윤곽이다.

일부 혜성들은 역사시대 내내 수 없이 관측되었다. 이로 인해

혜성이 태양계, 특히 지구 쪽으로 찾아오는 간격인 혜성의 주기가 알려졌다. 단 한 번만 관측된 혜성들도 있다. 일반적으로 혜성은 재 관측 되고 나서야 이름이 지어지는데 발견한 사람의 이름을 따서 붙여진다. 아래 표는 주요 혜성 발견자와 다음 방문 일정을 정리한 것이다.

주요 혜성	발견된 때	발견자	마지막 관측	다음 방문	주기(년)
핼리 Halley	기원전 240	고대에 처음으로 관측	1986	2061	76
비엘라 Biela	1772	빌헬름 폰 비엘라 Wilhelm von Biela	1852	이후 분해됨	알 수 없음
엔케 Encke	1786	요한 엔케 Johanne Encke	2003	2007	3.28
페이 Faye	1843	헤르바 오귀스트 에티엔 말반스 페이 Herve Auguste Etienne Albans Faye	1999	2006	7.34
빠른 거북 Swift-tuttle, 케글러*로도 알려짐 (페르세우스 유성우를 초래)	1862	에른스트 빌헬름 레베레흐트 템펠 Ernst Wilhelm Leberecht Tempel 과 루이스 스위프트 Lewis Swift	1992	2126	약 130
게렐스 Gehrels	1973	톰 게렐스 Tom Gehrels	1998/9	2004	5.5
코후테크 Kohoutek	1973	루보스 코후테크 Lubos Kohoutek	1973	76973	75,000
하웰 Howell	1981	엘렌 하웰 Ellen Howell	1997	2004	7.2
슈메이커-레비 9 Shoemaker-Levy 9	1993	유진 Eugene 과 캐롤린 슈메이커와 데이비드 레비 Eugene and Carolyn Shoemaker and David Levy	1994	목성과 충돌	알 수 없음
해일-밥 Hale-Bopp	1995	앨런 해일 Alan Hale 과 토마스 밥 Thomas Bopp	없음	4377	2,380
하야쿠다케 Hyakutake	1996	유지 하야쿠다케 Yuji Hyakutake	1996	31496	29,500
2001Q4(NEAT)	2001	니트 NEAT 혜성 탐색 프로그램	없음	2004	알려지지 않음
2002 T7	2002	리니어 LINEAR 혜성 탐색 프로그램	없음	2004	알려지지 않음

* 볼링 경기자 : 역주

행성 The Planets

지구가 포도알 크기 만 하다고 상상해보자. 달은 지구에서 30cm 떨어진 곳에 있다. 태양은 50m 떨어진 곳에 있고 대략 사람 키 만 할 것이다. 목성은 멜론 크기만 하고 약 200m 떨어져 있다. 250m 떨어진 곳에 있는 토성은 오렌지 크기만 할 것이다. 천왕성과 해왕성은 둘 다 레몬 크기만 하고 지구로부터 1km, 1.5km 떨어진 곳에 있다. 명왕성은 너무 작아서 거의 볼 수 없을 것이다. 여러분은 원자 크기 만 할 것이다.

수성 Mercury

우리 태양계에서 여덟 번째 큰 행성으로 질량은 3.3×10^{23}Kg, 직경은 4,880km이다. 수성은 태양과 가장 가까운 행성으로 5,800만km의 평균 거리(지구 궤도의 0.38)로 태양 주위를 돌고 있다.

수성의 일 년은 단 88일이다. 표면 온도는 영하 183°C부터 427°C까지 다양하며 이것은 전체 태양계 내에서 가장 폭넓은 변화이다.

우리가 수성에서 태양을 본다고 가정해보자. 하늘의 태양이 점점 커지다가 멈춘 다음 잠시 동안 역행했다가 또 한 번 멈추고, 계속해서 작아지는 것을 목격하게 되는데 이는 수성의 이심 궤도 離心軌道 때문이다.

1998년과 1999년, 마리너 10 Mariner 10 우주선이 관측한 바에 의하면 타는 듯한 열기에도 불구하고 수성의 극지지역의 그늘진 곳에 얼어붙은 물이 있을 가능성이 있다.

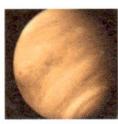

금성Venus

여섯 번째로 큰 행성인 금성은 평균 거리 1억 800만km로 태양 주위를 돈다. 금성의 직경은 12,100km이고 질량은 4.87×10^{24}kg이다. 금성의 일 년은 225일이지만 금성의 하루는 무려 243일이다.

▼태양계 행성의 위치와 궤도

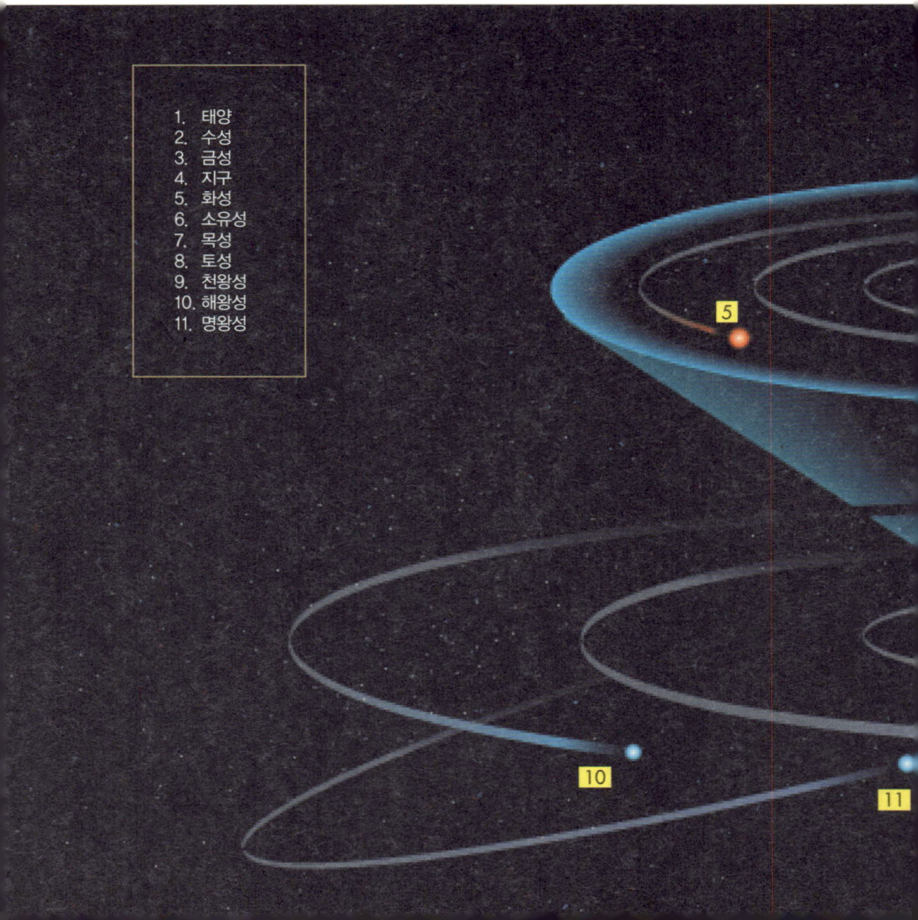
1. 태양
2. 수성
3. 금성
4. 지구
5. 화성
6. 소유성
7. 목성
8. 토성
9. 천왕성
10. 해왕성
11. 명왕성
5
10
11

금성은 98%가 이산화탄소인 두껍고 불투명한 대기를 지니고 있으며 황산과 유황이 자욱하다. 폭주하는 온실 효과로 인해 금성은 태양계에서 가장 뜨거운 곳인데 온도가 470°C로 납을 녹일 정도이며, 기압은 지구보다 90배나 더 높다. 비록 한때는 표면에 물이 있었을 가능성이 있었지만 그 물은 오래전에 끓어 증발했다.

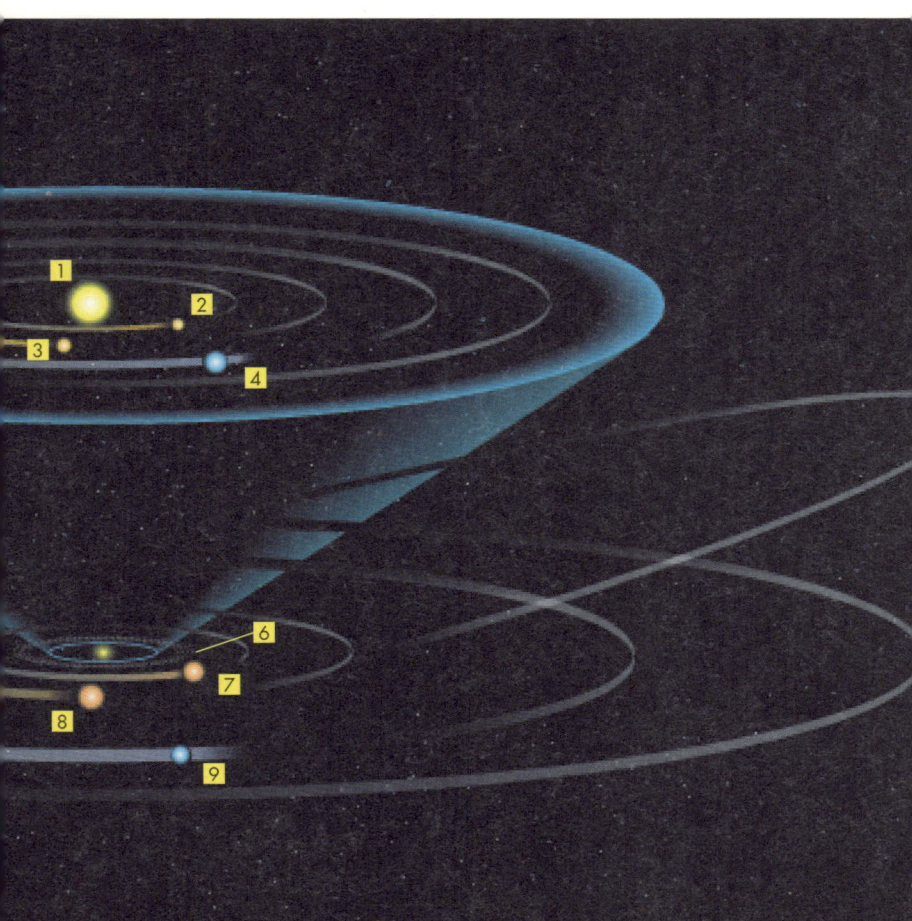

화성 Mars

화성은 직경 6,794km이고 6.4×10^{23}kg의 질량을 가지고 있다. 화성의 하루는 지구의 하루와 길이가 거의 같지만 화성의 일 년은 687일이다. 평균 표면 온도는 살을 에는 영하 55°C이지만, 화성의 타원형 궤도로 인하여 폭넓은 계절의 변화를 보인다. 겨울에는 영하 133°C까지 떨어질 수 있다. 하지만 여름에는 상쾌한 27°C이다.

화성이 훨씬 더 어렸을 때는 아마 지구와 상당히 유사했었을 것이다. 그러나 대부분의 이산화탄소가 암석에 흡수되었고 판에 의한 지각 변동이 없어 이산화탄소의 재순환이 불가능했다. 이로 인해 중요한 온실 효과가 발생될 수 없었고, 화성은 차갑고 메마르고 황량한 곳이 되었다.

대기가 희박하지만 수개월간 행성 전체를 뒤덮을 수 있는 거대한 먼지 폭풍을 동반한 바람이 세차게 불수도 있다.

화성은 포보스 Phobos 와 데이모스 Deimos 라는 두 개의 아주 작은 위성을 갖고 있다.

목성 Jupiter

목성은 다른 모든 행성들을 합쳐 놓은 무게의 두 배가 넘으며 지구보다 318배나 더 무겁다. 목성은 직경이 143,000km이고 1.9×10^{27}kg의 질량을 갖고 있다.

이 행성은 거대한 가스 구로 이루어졌으며 중심으로 내려갈수록 밀도가 더 높아지고 지구보다 약 10에서 15배 더 육중한 암석으로 된 핵에 도달하게 된다. 핵의 온도는 20,000°C이다. 대기는 90%의 수소와 10%의 헬륨으로 구성되어 있으며 메탄,

암모니아, 물과 같은 다른 물질의 흔적을 찾을 수 있다. 핵 주위는 기압이 매우 높아서 수소는 금속성의 액체가 된다. 핵 주위의 기압은 지구 표면보다 400만 배 더 높다.

우리가 보는 목성은 표면이 아니라 목성 주위를 도는 거대한 구름의 맨 위층이다. 표면에 밝고 어두운 줄무늬가 번갈아 나타나고 반대 방향으로 시속 644km의 바람이 몰아친다.

지금까지 알려진 목성의 위성은 61개 이지만 새로운 위성들이 계속 발견되고 있다. 가장 큰 위성인 이오^{Io}, 유로파^{Europa}, 가니메데^{Ganymede}, 칼리스토^{Callisto}는 이탈리아의 천문학자 갈릴레오가 발견했다. 목성은 세 개의 희미한 고리들을 가지고 있다.

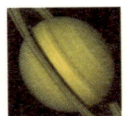

토성^{Saturn}

직경 120,475km, 질량 5.68×10^{26}kg의 토성은 우리 태양계에서 두 번째로 큰 행성이다. 토성은 지구보다 태양으로부터 거의 열 배나 더 멀리 떨어져 있다. 토성은 무엇보다 고리로 유명한데 이 고리는 초기 천문학자들의 눈에는 매우 기이한 외관이었고, 그들은 그 이유를 이해할 수 없었다. 1659년이 되어서야 크리스티앙 호이겐스$^{Christiaan\ Huygens}$가 문제의 해답을 찾아냈다.

토성은 밀도가 가장 낮은 행성이다. 전체적으로 목성의 구조와 비슷한데 대기 내에 목성과 유사한 빛과 어두운 띠를 가지고 있다.

토성은 최소한 31개의 위성들을 지니고 있으며 그 중 가장 큰 위성은 타이탄^{Titan}이다.

토성의 고리 Saturn's rings

지구에서는 세 개의 고리를 볼 수 있는데 카시니 분할 Cassini Division 에 의해 분리된 A와 B, 그리고 훨씬 더 희미한 C가 그것이다. 그러나 1977년 처음 발사된 후 아직까지도 우주를 돌고 있는 보이저 우주선이 네 개의 고리를 더 발견했다. 이 고리들은 수백만 개의 얼음과 암석 입자들로 이루어져 있으며 밀리미터에서부터 1km가 넘는 것까지 그 크기가 다양하다. 이 고리는 직경이 약 270,000km이지만 두께는 겨우 몇 km에 불과하다.

학술적으로 '방사상의 불균등성'으로 알려진 특이한 줄무늬인 '스포크' Spokes 를 특징으로 하는 고리가 있고 또 세 개의 고리가 꼬여서 만들어진 고리도 있으며 꼬인 노끈에 매듭이 진 것과 같은 모양을 한 고리도 있다.

천왕성 Uranus

직경 51,100km의 천왕성은 다음 행성인 해왕성보다 크기는 크지만 8.68×10^{25}kg로 질량은 작다. 천왕성은 84년마다 한 번씩 태양 주위를 돈다. 암석, 얼음, 가스(주로 수소)로 이루어진 행성으로 대기는 수소 83%, 헬륨 15%, 메탄 2%로 구성되어 있고, 메탄은 붉은 빛을 흡수하여 천왕성을 파랗게 보이도록 만든다. 지금까지 11개의 고리가 알려져 있으며 적어도 21개의 위성을 가지고 있는데 그것들의 이름은 고전 신화가 아닌 윌리엄 셰익스피어와 알렉산더 포프 Pope 의 작품에서 따왔다. 주된 위성으로 미란다 Miranda, 애리얼 Ariel, 엄브리엘 Umbriel, 타이타니아 Titania, 오베론 Oberon 등이 있다.

해왕성^{Neptune}

직경 49,500km, 질량은 지구보다 17배 더 무거운 1.02×10^{26}kg이다. 1846년 두 명의 수학자가 해왕성의 궤도를 예측한 후 발견되었다. 하지만 1613년 갈릴레오가 먼저 해왕성을 주목했는데 흐린 하늘 때문에 명확하게 확인하지 못하고 그저 별이라고만 가정했다. 해왕성은 높은 메탄 구름으로 인해 파란 색을 띠는 천왕성과 그 구조가 유사하다. 적어도 3개의 고리와 11개의 위성이 있으며 그중 트리톤^{Triton}과 네레이드^{Nereid}가 가장 많이 알려져 있다.

해왕성의 바람은 시속 2,011km로 태양계에서 가장 강하다. 매우 빠른 대기의 움직임이 특징적이다. 스쿠터^{Scooter}라는 애칭으로 불리는 작고 하얀 구름이 있는데 16시간마다 한 번씩 해왕성을 돈다.

명왕성^{Pluto}

명왕성은 매우 작아서 행성이 아니라 커다란 소행성이나 혜성으로 분류되어야 한다고 주장하는 이들이 많다. 지름이 겨우 2,270km로 지구의 달보다 더 작다. 명왕성의 궤도는 매우 편심적이어서 해왕성보다 태양에 더 가까울 때도 있다. 표면온도는 약 -220°C이다. 주로 암석과 얼음으로 이루어졌지만 상대적으로 더 어두운 지역이 유기체의 저장소가 될 수 있다는 견해가 있다.

명왕성의 위성인 카론^{Charon}은 영혼을 하데스(저승, 로마 신화에서는 플루토)로 데려가는 그리스 신화 속 사공의 이름을 따서 붙여졌다. 하지만 1971년 이것을 발견한 짐 크리스티^{Jim Christy}의 아내 샤론^{Sharon}에 대한 예의로 붙여진 이름일 수도 있다.

(국제천문연맹^{IAU}은 2006년 8월 체코 프라하 26차 총회에서 명왕성을 행성에서 퇴출시켰다. 충분한 질량을 가지지 못했고 해왕성의 궤도와 일부 겹치며 주변에 비슷한 크기의 행성 중에서 지배적인 위치를 갖지 못한 점 때문이다. IAU는 명왕성을 '왜소 행성'$^{Dwarf\ Planet}$으로 규정하고 소행성에 쓰는 134340이라는 번호를 부여했다. : 역주)

생명체가 있을 가능성이 높은 지역들

화성 : 화성 전역에 박테리아의 화석이 존재할 수도 있다. 표면 아래 깊은 곳, 물이 있는 곳에서 생명체가 발견될 가능성이 있긴 하지만 희박하다. 지구의 경우, 유사한 조건에서 박테리아가 존재한다.

목성의 위성 중 하나인 유로파 : 얼음으로 뒤덮인 표면 바로 아래 물이 있을 수 있다. 강력한 조류와 자기 활동이 열을 발생시킬 수 있고 이 결합은 목성에 지구 대양의 중앙 분출구와 유사한 상황을 만들어낼 수도 있다.

토성의 가장 큰 위성 타이탄 : 지구의 초기 환경과 유사한 유기 화학물질이 풍부한 스모그와 같은 대기를 지니고 있다. 또한 얼어붙은 물과 뜨거운 핵을 갖고 있다.

과거의 우주탐사 임무

인간은 우주의 광대한 극한을 탐험하기 위해 태양계의 맨 가장자리에 위치한 명왕성을 제외한 모든 행성을 조사해왔다. 제2차 세계대전 이후, 미국과 옛 소련사이의 '우주 개발 경쟁'의 최종 목표는 인간을 달에 보내는 것이었다. 옆의 도표는 지금까지 시행됐던 주요 우주탐사의 특징적 사항들이다.

날짜	이름(국적)	임무 목표	성과
1957. 10. 4	스푸트니크Sputnik 1호(소련)	세계 최초의 인공위성	성공적으로 완수
1957. 11. 3	스푸트니크Sputnik 2호(소련)	우주비행을 한 최초의 지구 생명체 : 개, 라이카Laika	일주일 후 우주에서 질식사
1961. 4. 12	보스토크Vostok 1호(소련)	최초의 유인 우주비행 : 유리 가가린Yuri Gagarin 지구 궤도를 1회전함.	성공적으로 완수
1963. 6. 16	보스토크Vostok 6호(소련)	최초의 여성 우주인 : 발렌티나 테레쉬코바Valentina Tereshkova	성공적으로 완수
1965. 3. 18	보스호드Voskhod 2호(소련)	최초의 우주유영 : 알렉세이 레오노프Leonov	성공적으로 완수
1969. 7. 16	아폴로Apollo 11호(미국)	최초로 달에 착륙함 : 닐 암스트롱Neil Armstrong, 버즈 올드린 – 이들은 지구에서 가장 멀리 여행을 한 사람들이기도 하다.	성공적으로 완수
1969. 11. 14	아폴로Apollo 12호(미국)	우주인들 달 착륙	성공적으로 완수
1970. 4. 11	아폴로Apollo 13호(미국)	우주인들 달 착륙 시도	기계적 결함으로 임무 실패 – 우주인 무사 귀환
1970. 8. 17	베네라Venera 7호(소련)	최초로 금성에 착륙	성공적으로 완수
1971. 1. 31	아폴로Apollo 14호(미국)	우주인들 달 착륙	성공적으로 완수
1971. 7. 26	아폴로Apollo 15호(미국)	우주인들 달 착륙	성공적으로 완수
1972. 4. 16	아폴로Apollo 16호(미국)	우주인들 달 착륙	성공적으로 완수
1972. 12. 7	아폴로Apollo 17호(미국)	우주인들 달 착륙	성공적으로 완수
1973. 5. 14	스카이랩Skylab(미국)	우주정거장(최초로 화장실과 샤워시설 장착)	임무를 성공적으로 완수한 후 대기 중에서 불타버림
1975. 8. 20	바이킹Viking 1호(미국)	화성 착륙	성공적으로 완수
1981. 4. 12	STS-1 유인우주 왕복선 콜롬비아호Columbia(미국)	우주왕복선 제1호기 : 시스템 점검	성공적으로 완수
1985. 7. 2	지오토Giotto(유럽)	핼리 혜성 탐사	성공적으로 완수

날짜	이름(국적)	임무 목표	성과
1986. 1. 28	STS-51-L 유인우주 왕복선 챌린저호 Challenger(미국)	추적위성 배치와 핼리혜성 관찰	발사 후 폭발, 우주비행사 전원 사망
1992. 9. 25	마즈 옵저버 Mars Observer (미국)	화성 탐사선	통신 두절
1996. 12. 4	마즈패스파인더 Mars Pathfinder(미국)	화성 착륙 탐사	성공
1999. 1. 3	마즈 폴라 랜더 Mars Polar Lander(미국)	화성 착륙	임무 실패
2003. 1. 16	STS-107 유인우주 왕복선 콜럼비아호 Columbia(미국)	16일간 물리, 생명, 우주 과학 조사를 목적으로 함	대기권내 재진입시 폭발, 대원 전원 사망

현재와 미래의 임무

날짜	이름(국적)	목표	현황
1977. 8.	보이저 Voyager 1호(미국)	목성과 토성 접근 통과	성공적이며 여전히 운행 중
1977. 9.	보이저 Voyager 2호(미국)	목성, 토성, 천왕성, 해왕성 접근 통과	성공적이며 여전히 운행 중
1990. 4. 25	허블망원경(미국)	미국항공우주국NASA의 위대한 관측소 프로그램의 첫 번째 임무이며 동시에 가장 중요한 임무	반사경의 초기 결함은 우주비행사들이 수정, 허블망원경은 여전히 가동 중
1996. 11. 7	마즈 글로벌 서베이어 Mars Global Surveryor(미국)	화성 탐사선	여전히 운행 중
1997. 10. 15	카시니 Cassini(미국)	토성 탐사선	2007년 7월 1일 토성 궤도 안착
1997. 10. 15	휴이겐스 Huygens(유럽) : 카시니 선내에 장착	타이탄 탐사기	2007년 7월 1일 토성 궤도 안착
1998. 7. 3	노조미 Nozomi(일본)	궤도 조사	임무 실패
2001. 4. 7	마스 오딧세이 Mars Odyssey(미국)	궤도 조사	여전히 운행 중
2003. 6. 4	마스 익스프레스호 Mars Express(유럽)	화성 탐사와 착륙선 : 비글 Beagle 2호(영국)	임무 실패

날짜	이름(국적)	목표	현황
2003. 6. 10	스피릿Spirit(미국)	화성 탐사 로봇 A	2004. 1 착륙
2003. 7. 8	오퍼튜니티Opportunity(미국)	화성 탐사 로봇 B	2004. 1 착륙
2003. 9. 28	스마트Smart 1(유럽)	달 탐사	2004년 11월 15일 달 궤도 진입, 2005년 9월 3일 달과 충돌
2004. 3. 2	로제타Rosetta(유럽)	혜성 랑데부	정보 없음
2005. 8. 10-30	화성 정찰용 궤도선 Mars Reconnaissance Orbiter(미국)	궤도 조사	정보 없음
2005. 1. 11	비너스 익스프레스 Venus Express(유럽)	궤도 조사	정보 없음
2007. 10	케플러Kepler(미국) : 행성 탐지기	지구형 행성	정보 없음
2007. 10-12	피닉스Phoenix(미국) : 물 탐색	화성 착륙선	정보 없음
2009. 10-12	마스 사이언스 레보러토리Mars Science Laboratory(미국)	화성 착륙 탐사선	정보 없음
2011. 1. 1	베피콜롬보BepiColombo(유럽)	수성 궤도 조사	정보 없음

인공위성 Satellites

약 4천 개의 인공위성이 지구 궤도로 발사되었으며 그 중 많은 수가 작동을 멈추거나 지구의 대기로 떨어져 분해되었다.

최초의 과학 위성 : 스푸트니크Sputnik 1호, 1957년 10월

최초의 날씨 위성 : 익스플로러Explorer 7, 1959년 10월

최초의 군사(정탐)위성 : 디스커버러Discoverer 1, 1959년 2월

최초의 통신 위성 : ECHO-1, 1962년 2월

최초의 상업 통신 위성 : 텔스타TELSTAR, 1962년 7월

최초의 전 지구 위치 확인 위성 : 1978년 11월

ET에게 보내는 메시지

저 우주 바깥에 있을 지도 모르는 외계인에게 세 개의 주요한 메시지가 보내졌다. 이 세 메시지는 파이어니어^{Pioneer}, 보이저^{Voyager} 그리고 무선신호인 외계 생명체 탐사 학회$^{SETI\ :\ Search\ for\ Extraterrestrial\ Intelligence\ Institute}$에서 보낸 SETI 메시지로 파이어니어 10과 11에 붙여진 금속판은 현재 태양계를 떠나 외계인에게 자신의 이름과 근원지를 확인시키고 있다.

보이저 1과 2에는 파이어니어보다 많은 야심적인 메시지가 탑재되었으며 이 메시지는 지구에 있는 생명체를 나타내는 소리와 영상을 전하는 금을 입힌 구리 축음기에 담겼다. 그 작동법에 관한 설명이 적힌 알루미늄 커버와 함께 카트리지와 레코드바늘이 함께 실렸다. 또 이 알루미늄 커버에는 유명한 보이저 그림 도표가 실렸는데 인간의 나체와 수많은 펄서(은하계 내에서 펄스 모양의 전파를 내는 천체의 총칭 : 역주)와 관계된 우리 태양계의 위치를 보여준다.

보이저 레코드에 선별된 내용들

당시 미국 대통령인 지미 카터$^{Jimmy\ Carter}$와 유엔 사무총장 커트 발다임$^{Kurt\ Waldheim}$의 메시지. 파도, 천둥, 바람 같은 자연의 소리, 동물의 소리, 인공적 소리에 관한 기록들. 고대 아카디언에서 중국 우^{Wu} 방언에 이르는 55개의 다양한 언어로 된 인사. 음악트랙, 바흐의 브란덴부르크 협주곡, 콩고 피그미 소녀들의 입문식 노래, 척 베리$^{Chuck\ Berry}$의 '조니 비 굿'$^{Johnny\ B\ Goode}$, 스트라빈스키의 '봄의 제전', 루이 암스트롱과 그의 핫 세븐이 부른 '멜랑콜리 블루스'$^{Melancholy\ Blues}$, 아제르바이잔 백파이프 음악, 블라인드 윌리 존슨$^{Blind\ Willie\ Johnson}$의 '다크 워즈 더 나이트'$^{Dark\ Was\ the\ Night}$가 실려 있다. 여기에 텔레비전을 시청하고 농구를 하는 지구인들의 일상생활 장면을 포함한 115개의 영상들도 들어있다.

SETI 메시지

1974년 11월 16일, 아레시보^{Arecibo} 무선 망원경은 복잡한 도표에 관한 암호가 담긴 무선 메시지를 방송했다. 이것은 인간의 스틱피겨$^{stick\ figure}$(머리 부분은 원, 사지와 체구는 직선으로 나타낸 인체 혹은 동물의 그림 : 역주)와 DNA분자의 형태, 태양계, 메시지를 보낸 무선 망원경에 대하여 정보를 제공해주었다.

SETI 무선 신호의 파장은 태양보다 더 강하고 보통 TV신호보다 백만 배 더 강하다. 이 무선 신호는 25,000광년 떨어진 M13성단을 겨냥한 것으로 그곳에 도착하는데 25,000년이 걸릴 것이다. 이 신호는 그 길을 따라 가는 동안 30개의 다른 별들의 근처를 지날 것이다.

주요 UFO 관측

UFO에 대한 열기가 한창이었던 1947년 이래로 10만 명 이상의 사람들이 보통 외계우주선으로 설명되는 미확인비행물체$^{UFO\ :\ Unidentified\ Flying\ Object}$를 봤다고 보고했다.

- 케네스 아놀드$^{Kenneth\ Arnold}$ 목격 : 1947. 6. 민간비행사인 케네스 아놀드는 미국 서북부 워싱턴 주 캐스케이드 산 위에서 '물 위를 뛰어넘고 있는 접시'처럼 움직이는 '독특하게 생긴 아홉 개의 비행선'을 봤다고 보고했다. 당시 이 기사에 제목을 붙였던 익명 작가가 '비행접시'$^{flying\ saucers}$라는 새로운 단어를 만들어냈다.
- 로스웰^{Roswell} : 1947. 7. 미군의 공식적인 신문은 날아가는 컵 받침이 뉴멕시코의 로스웰 지역에서 추락했다는 주장을 공개

했다. 이어서 추락한 기상 관측 기구를 착각한 것이라고 해명했다. 1980년대 이 사건은 UFO 탐색자들에 의해 재개되었고 그들은 원래 이야기를 확인하기 위해 목격자들이 나섰다고 주장한다.

발렌치 사건^{Valentich} : 1978. 10. 호주인 비행기 조종사 프리드리히 발렌치^{Frederich Valentich}는 거대한 UFO와의 조우를 보고한 후 태스마니아^{Tasmania}와 호주 사이에 있는 배스 해협^{Bass Strait} 상공에서 사라진다. 비행기는 발견되지 않았다.

중단된 여행 : 1961. 9. 뉴햄프셔에 사는 부부인 바니^{Varney}와 베티 힐^{Betty Hill}은 컵 받침 모양의 UFO와 가까이 맞닥뜨렸다고 보고했다. 그들은 최면상태에서 자신들이 납치되어 실험대상이 되었었던 것을 기억해냈다. 이것이 첫 번째로 보고된 납치 사건은 아니었지만 광범위한 방송 보도를 받은 첫 사례였다.

트래비스 월튼 사건^{Travis Walton Case} : 1975. 11. 나무꾼인 트래비스 월튼은 UFO에 납치되었다가 숨겨져 있는 UFO 기지와 실험에 관련된 무시무시한 이야기를 가지고 며칠 후 다시 나타났다.

렌들샴 숲^{Rendlesham Forest} : 1980. 12. 영국 서포크^{Suffolk} 렌들샴 숲에 위치한 미 공군 항공기지는 이상한 빛 때문에 소란스러워졌다. 조사를 맡은 조종사들은 UFO를 목격하고 그들과 마주쳤다고 주장한다. 영국판 로스웰로 알려져 있다.

브루클린 교각 유괴^{Brooklyn Bridge Abduction} : 1989. 11. 린다 코틸^{Linda Cortile}은 뉴욕 자신의 아파트에서 빛이 뿜어져 나온 후 브루클린 교각 근처 허드슨 강으로 가라앉았다고 주장한다. 이 유괴는 신비스런 목격자들에 의해 확인된 것으로 추정되며 그 목격자들은 자신들이 유엔 사무총장의 경호원이며 유엔 사무총장 역시 유괴되었다고 주장했다.

근접 조우 단계

1972년 손꼽히는 UFO 전문가인 J. 알렌 하이넥[J. Allen Hynek]은 UFO 목격과 조우에 대한 분류법을 제안했다. 이 분류법은 널리 알려진 '근접'[CE : Close Encounter] 단계를 포함하고 있다. 다섯 개의 근접 단계 가 있는데 4와 5는 최근에 추가 된 것이다.

낮은 수준에서 높은 수준의 접촉에 이르는 단계는 다음과 같다.

CE 1 : 457m 미만에서 매우 밝은 불빛이나 물체를 봄.
CE 2 : UFO는 물리적으로 환경에 영향을 끼치는데 햇볕에 탄 목격자나 착륙장치에서 생긴 자국처럼 존재의 흔적을 남긴다.
CE 3 : 목격자들은 외계 비행선의 탑승자들을 보거나 만난다.
CE 4 : 보통 목격자의 의지에 반하여 목격자가 우주선 내로 들어간다.
CE 5 : 텔레파시 또는 폴터가이스트[Poltergeist](불가해한 소음, 갑작스러운 소란 : 역주) 현상과 같은 과학적으로 설명할 수 없는 요소를 포함한다.

51 구역

51 구역은 라스베이거스 북쪽 네바다 주에 있는 미국 정부의 영토이다. 이 지역은 독자적인 원자폭탄 실험 부지와 같은 군사

기지와 경계를 이루고 있다. 또한 그룸 레이크 기지$^{\text{Groom Lake Base}}$라고 불리는 기밀의 공군 실험 장소도 포함하고 있다. 이곳은 U2 정찰기와 F-117A 스텔스 파이터와 같은 극비 비행기가 개발되고 시험비행을 하던 곳이었다. 지역 비행가는 51구역 주변의 출입 금지 영공을 '꿈나라'라고 부른다.

UFO 팬들에 따르면 그룸 레이크 공군 기지는 미국 정부의 비밀스런 UFO 음모의 본거지이기도 하다. 그들의 주된 주장은 과학자들이 로스웰의 UFO와 같은 추락한 UFO를 '분해하고 모방하기'를 통해 고등 과학기술을 배우기 위한 용도로 사용하고 있다는 것이다.

이들 주장에 대한 어떤 확고한 증거도 없다.

지구
THE EARTH

지구에 관한 통계

적도 지름 : 712,756.3km
극 지름 : 12,710km
적도 원주 : 40,066km
극 원주 : 39,992km
질량 : 5.94×10^{24}kg
나이 : 46억 년
태양에서의 거리 : 149,600,000km 또는 8광분
태양 궤도를 도는 데 드는 시간 : 365일 6시간 8분
지축을 한 번 도는 데 드는 시간 : 23시간 56분
총 표면적 : 510,066,000km^2
물이 차지하는 면적 : 361,419,000km^2 또는 총 표면적의 70.9%
지구의 물의 부피 : 1,300,000,000km^3
육지 면적 : 148,647,000km^2 또는 총 표면적의 29.1%. 만약 지구 표면이 완전히 평평하다면 지구는 2,686m 깊이의 해수 층으로 완전히 덮여있는 행성이었을 것이다.
현재 인구 수 : 6,135,000,000(60억이 조금 넘는다. 2004년 기준)
미국/유럽/일본의 위도에 대한 지구의 회전 속도 : 약 1,610km/h
태양 주위를 도는 지구의 속도 : 시속 107,320km 또는 초속 29.77km
은하계 중심부 주위를 도는 태양계의 속도 : 시속 811,440km 또는 초속 225.3km

지구에 생명체가 존재하는 이유

태양의 크기와 종류 : G2 스펙트럼 부류로써 방사능을 지나치게 방출하지 않고 충분한 열기와 빛을 제공한다. 아주 오랫동안 안정된 상태를 유지해 왔다.

목성의 방어 작용 : 이 행성은 거대한 방패와 같은 역할을 하는데 소행성과 혜성을 차단하고 이들이 지구를 빗나가도록 한다. 목성이 없다면 소행성과 혜성의 빈번한 충격으로 지구 위에 생명체가 결코 존재할 수 없을 것이다.

지구의 자장 : 지구는 자장을 발생시키는데 태양에서 나오는 치명적일 수 있는 이온 입자의 흐름을 지구 주위의 밴 앨런 대$^{Van\ Allen\ belts}$로 전환한다.

지구의 대기 : 복잡한 생명체를 진화하게 하는 데 결정적인 역할을 한다. 첫째로 지구의 대기는 돌진하는 소행성들이 지표면에 부딪치기 전에 그것들을 태워버릴 수 있을 만큼 두껍다. 두 번째로 가벼운 온실효과$^{GE\ :\ Greenhouse\ Effect}$를 생기게 하는 알맞은 양의 이산화탄소를 포함하고 있다.

온실 효과에 따른 지구의 현재 평균 온도 : 14°C

온실 효과가 없을 경우 평균 온도 : –21°C. 온실 효과가 없다면 대양은 얼어붙을 것이다.

액체상태의 물 : 지구의 표면 온도는 액체상태의 물이 증발되지 않는 정확한 범위 내로 유지된다. 액체 상태의 물은 생명체의 번성을 돕는 유일한 매개물이다.

구조적 활동 : 초기 지구에서 대기 내 대부분의 이산화탄소는 지각의 요소와 결합하여 탄산 암석을 형성했다. 이것은 온실효과가 제어할 수 없는 소용돌이를 형성하여 지구가 금성과 같

이 되지 않도록 방어하는 역할을 했다. 반면 만약 이산화탄소가 전부 사라졌다면 온실효과도 없을 것이고 지구는 화성처럼 춥고 메마른 곳이 됐을 것이다. 다행히도 판구조론은 암석 속에 갇힌 탄소를 재사용하고 대기 속으로 되돌아가도록 해준다.

광합성 : 광합성을 하는 유기체의 진화는 대기 내에 고농도의 산소를 유지할 수 있도록 했다. 이는 공기로 호흡하는 생명체가 진화하도록 만들었다. 산소는 또한 오존층을 만들어내는데 땅의 유기체들이 자외선으로부터 피해를 입는 것을 막아준다.

Luck!
최초 생명체의 진화 이래 지구는 여러 재앙 즉, 블랙홀로 빨려 들어가거나 초신성에 붙잡히거나 작은 행성에 부딪히는 것과 같은 큰 우주적 재앙을 피했다.

지구의 구조

철은 지구의 주성분으로 전체의 34.6%를 차지하며 대부분 지구 핵 안에 들어있다. 지각은 이산화규소와 다른 규소 화합물(15.2%)과 산소로 구성되어 있다. 산소는 지각 내에 가장 풍부한 요소로 지구의 전체 구성분의 29.5%를 차지하고 있다. 지구를 구성하는 나머지 다른 요소들은 마그네슘(12.7%), 니켈(2.4%), 유황(1.9%), 티타늄(0.05%)등이다. 지구의 핵 온도는 15,000,000°C이고 태양의 표면보다 더 뜨겁다.

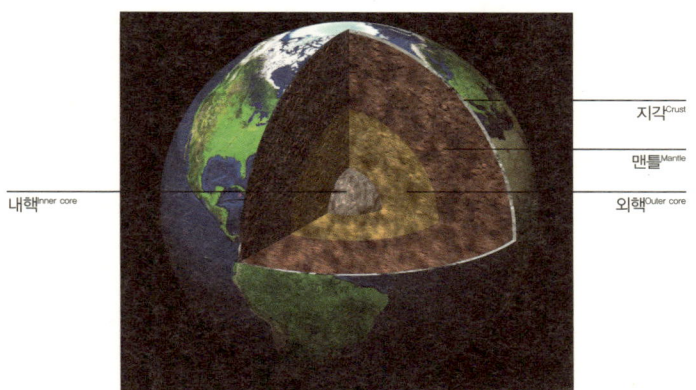

지층

지층	평균 깊이 (km)	질량 (kg x 10²⁴ 안에서)	질량 (백분율)
지각	0–40	0.026 (대기는 5조 톤, 대양은 1억 4천만 조 미터톤의 무게가 나간다)	0.383
맨틀	40–2,800	4.043	69.6
핵	2,800–6,378	1.935	30

극지 The Poles

지구자장의 일부는 유동 맨틀 내에 있는 전류에 의해 발생한다. 이 자장은 자석과 같은 극을 갖고 있다. 지자기극은 나침이 가리키는 지구 표면에 있는 한 점이다. 하지만 그것의 위치는 태양풍을 경유한 태양에서 방출되는 전하를 띤 입자의 흐름과 초고층 대기 내에 있는 이온권으로 인한 자장의 상호작용에 의

지질시대의 구분

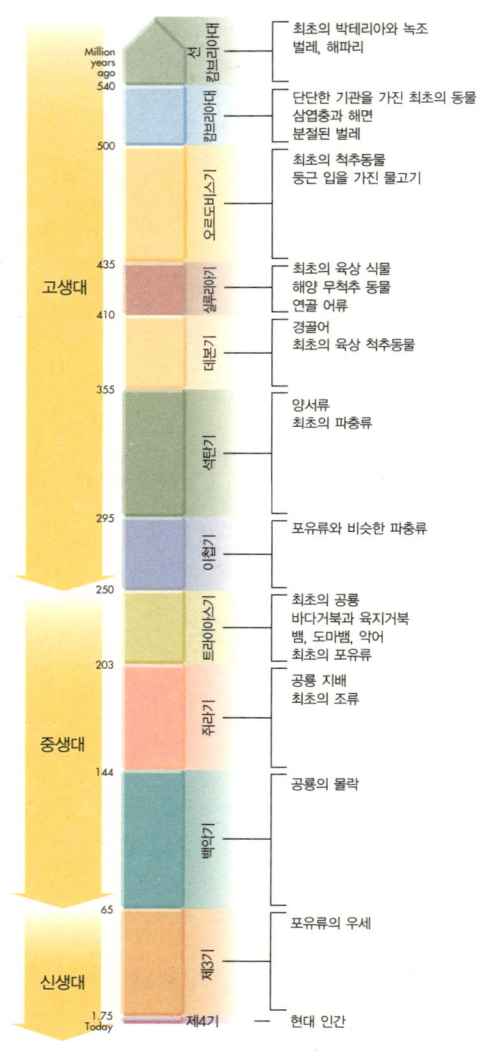

해 좌우된다. 이 지자기극은 떠돌아다니고 때때로 역행한다.

2,500만 년 전 초기 원인^{猿人}이 진화한 이후 9번의 극 전도가 있었다. 가장 최근의 극 전도는 69만 년 전에 발생했으며 그 전에는 극 전도가 훨씬 더 빈번했다. 또 다른 극 전도가 곧 발생할 것으로 예상된다.

위도와 경도 Latitude and Longitude

위도선과 경도선은 세계의 지도를 격자 눈금 방식으로 정리하는 장치이다. 그것에 의해 지구 표면상의 어느 지점에나 좌표가 주어진다. 이 선들은 도(°)라는 장치로 정해지는데 이것은 60분('로 표시)으로 다시 나눠지고 60초("로 표시)로 더 나눠진다. 위도선은 수평으로 이어지고 경도선은 수직으로 이어진다. 편리한 기억법은 위도선을 사다리의 단으로 떠올린 다음 '사다리 상태'라는 어구를 기억하는 것이다.

위도 Latitude

위도선은 서로 나란히 이어지기 때문에 '평행선'이라고 불린다. 적도는 위도가 0도인 반면 북극은 북위 90도(90°N)이고 남극은 남위 90도(90°S)이다. 1도 사이의 간격은 약 119km이다.

경도 Longitude

지구는 구이기 때문에 경도선은 극지에 한데 모인다. 적도에서 경도선의 간격은 111km이며 이를 자오선이라고 한다.

전형적인 메카토르식 도법을 사용하여 세계 지도를 2차원으로 그리면 경도선은 서로 평행하게 그려지는데 지도 윗부분에

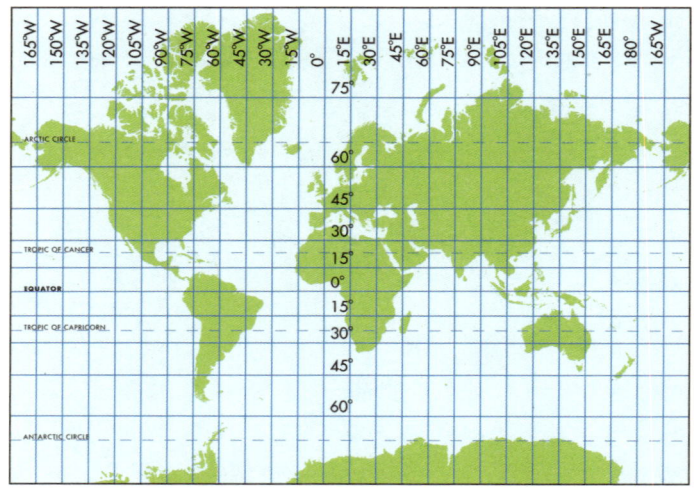

세계가 위도와 경도로 평평해졌다. 이 입면도에서 미국과 그린란드는 실재보다 훨씬 더 커 보인다.

있는 지역들이 실제보다 더 폭 넓게 그려진다. 그린란드가 대부분의 세계지도에서 훨씬 더 커 보이는 반면 아프리카의 광대한 대륙이 훨씬 더 작아 보이는 이유는 바로 이 때문이다.

좌표 이용하기

지구 표면에 있는 모든 지점에는 위도와 경도가 주어진다. 예를 들어 뉴욕 시에 있는 센트럴 파크는 위도가 40° 47' N(북위 40도 47분)이고 경도는 73° 58' W(서경 73도 58분)이다. 훨씬 더 자세하게 워싱턴 DC에 있는 국회 의사당 건물은 38° 53' 23" N(북위 38도 53분 23초), 77° 00' 27" W(서경 77도 0분 27초)에 위치하고 있다.

시간대 Time Zones

1884년 국제회의를 통해 왕립 천문대의 소재지인 런던 그리니치가 본초 자오선 또는 경도 0°가 되었다. 이를 기준으로 경도선은 동쪽으로 180° 서쪽으로 180°까지 올라간다. 태평양 섬 국가들에 같은 날짜를 부여하기 위해 국제 날짜 변경선 IDL : International Date Line이 직선이 아닌 불규칙적인 형태를 띠었다 하더라도 그들은 맞은편의 그리니치에서 만난다.

그리니치 서쪽 시간대는 협정 세계시라는 별명을 가진 그리니치 표준시보다 '더 이르고' 그리니치 동쪽은 '더 늦다'.

Fact!
위도변화 latitude variation
지구는 태양, 달, 행성 등의 영향을 받아 세차, 장동 운동을 하게 된다. 이에 따라 지리위도, 지심위도는 변하지 않으나 천문위도가 변하게 되는 현상이다. 지구상의 기상변화의 원인으로 추정하고 있다.

▼ Time Zones Map

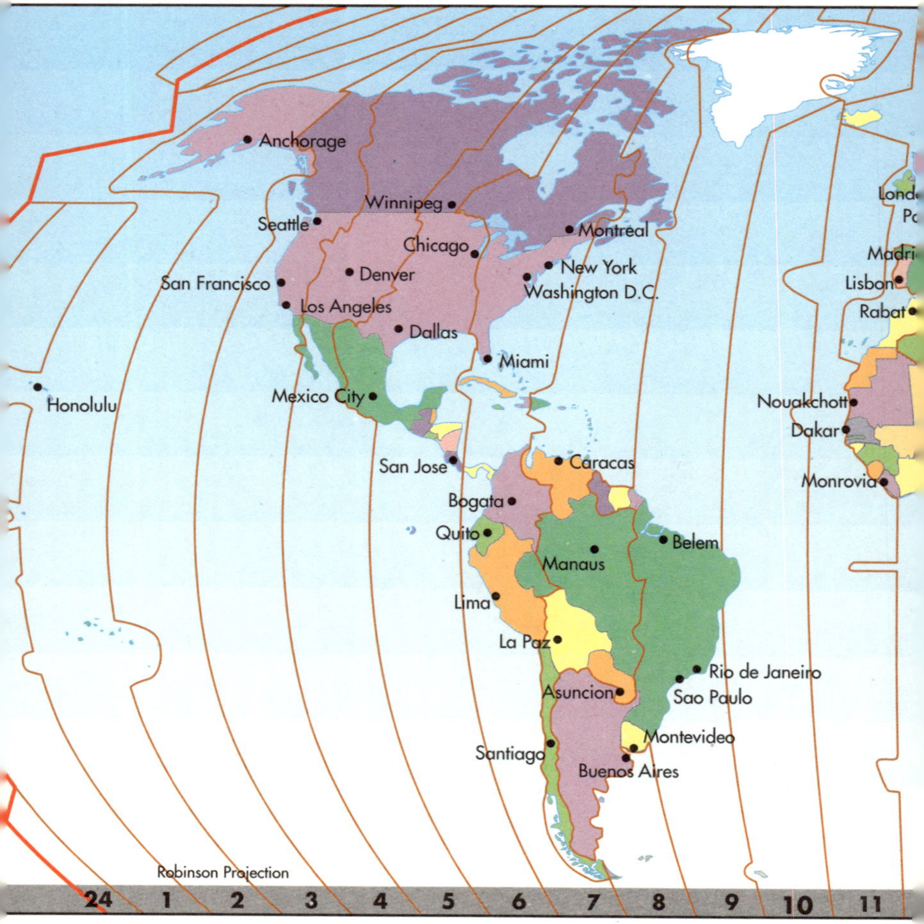

지구 53

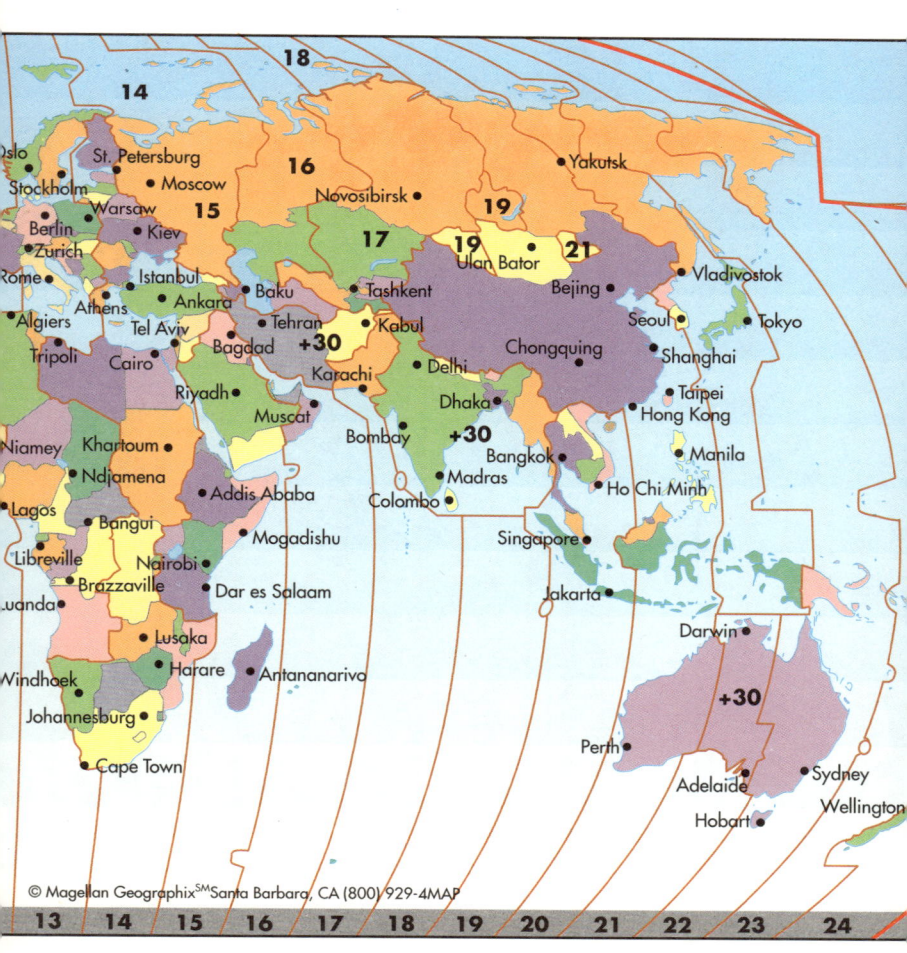

대기권 Atmospheric Zones

지구의 대기는 78.08%의 질소, 20.95%의 산소, 0.93%의 아르곤, 0.03%의 이산화탄소로 구성되어 있다.

층	고도 (지구 표면의 위쪽)	기온	우리가 알고 있는 사실
대류권	극지방 : 8.1km, 위도 45°: 11.3km, 적도 : 16.1km	30m 상승할수록 2°씩 떨어지며 최저 -57°에 달한다.	전체 대기 질량의 75% 생명체와 거의 모든 기상현상이 발견됨. 대류권의 꼭대기는 권계면(圈界面)이라 불림.
성층권	50km	대략 -50°로 변동없이 안정적임.	전체 대기 질량의 24% 성층권 바닥은 오존층
중간권	80km	최상부에서 온도가 상승하기 전에 -6.6°C에서 -110°C까지 감소	유성들이 중간권에서 빛을 내며 불타 사라진다. 열권과 함께 이온 입자들을 다량 포함하고 있어서 총괄적으로 이온권이라고 불린다. 무선 신호를 반사함으로써 무선통신을 가능케 한다.
열권	640km	유동적. 대기분자들은 700°까지 올라갈 수 있지만 이 대기분자가 희박하여 춥게 느껴진다.	아주 뜨거워 질 수 있는데 이는 희박한 대기가 더 낮은 층에서 반사하는 많은 양의 방사능을 재흡수하기 때문이다.
외기권	64,400km에 달함	거의 0°로 떨어짐	9,700km의 대기 밀도는 우주 공간과 같다. 이보다 높은 곳의 '대기'는 단지 지구의 중력장과 자기장이 미약한 영향력을 미친다는 의미 이상을 갖지 않는다. 외기권은 자기권을 포함하고 있으며 이곳에서 오로라가 나타난다.

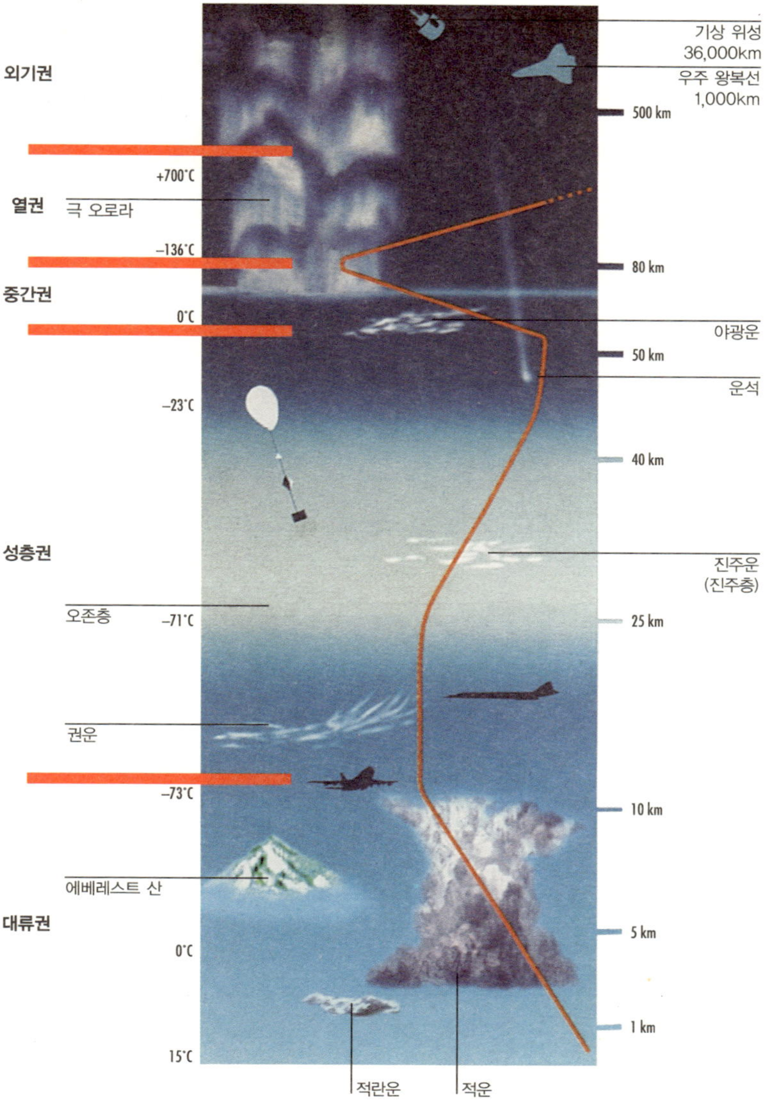

지구　55

외기권

기상 위성
36,000km

우주 왕복선
1,000km

500 km

열권　　+700℃

극 오로라

　　　　−136℃

80 km

중간권

　　　　0℃

야광운

50 km

운석

　　−23℃

40 km

성층권

진주운
(진주층)

오존층　−71℃

25 km

권운

　　　−73℃

10 km

에베레스트 산

5 km

대류권

0℃

1 km

15℃

적란운　적운

기후 지대 Climate Zones

가장 널리 사용되는 기후 구분 도표는 쾨펜분류법$^{Koppen\ system}$이다. 이것은 기후 유형을 문자로 나타내는데 각 유형의 특징적인 강수량과 기온에 의해 정해진다.

대문자로 나타낸 여섯 개의 주요한 기후 유형과 대문자에 추가된 소문자로 표시된 몇 개의 하위 집단이 있다.

A 열대 습윤 기후 : 일 년 내내 고온이며 많은 양의 비가 내린다.

B 건조 기후 : 비는 거의 내리지 않고 일교차가 크며 s(스텝기후)와 w(사막기후) 두 개의 하위 집단이 있다.

C 중위도 습윤 기후 : 따뜻하고 건조한 여름과 시원하고 습한 겨울.

D 대륙성 기후 : 대륙의 내지에서 발견된다. 총 강수량은 낮고 계절 간 기온차가 크다.

E 냉대 기후 : 얼음과 툰드라가 항상 존재하는 곳으로 일 년 중 약 4개월만 영상의 기온을 갖는다.

H 산악 기후 : 고지대에서 명확히 나타난다.

하위집단

f 연중 적정한 강수량을 갖는 습윤 기후로 건조한 계절은 없다. 보통 A, C, D기후대를 동반한다.

m 짧고 건조한 계절에도 불구하고 열대우림 기후이다. 이 문자는 A기후대에만 적용된다.

s 여름에 건조한 계절.

w 겨울에 건조한 계절.

이외에도 기온의 변화를 보여주는 더 많은 하위집단들이 있다.

지구의 생물 군계

생물 군계는 생태계의 한 유형이다. 세계 대륙을 특징짓는 11개의 주요 생물군계의 개요가 아래 표에 나타나 있다.

생물 군계	기후 유형	쾨펜	생물 군계	기후 유형	쾨펜
열대우림	열대 습윤	Af	낙엽성 삼림	대륙성 습윤	Cf
사바나	열대 건습	Aw	침엽수림	아한대 살림	Df
사막	열대 건조	Bw	툰드라	툰드라	E
스텝	중위도 건조	Bs	알프스산맥	고산 기후	H
관목 수풀	지중해성	Cs	극 사막/불모지	극 건조/북극 알프스	E/EH
초원지대	중위도 건조	Bs			

기후의 양극단

가장 추운 곳 : 남극의 보스토크^{Vostok}, 기온이 −89°C에 달했다.

가장 더운 곳 : 리비아의 알 아지지야$^{Al\ Aziziyah}$, 1922년 그늘에서 58°C를 기록했다.

가장 빠른 강하 : 미국 몬타나 주의 브라우닝^{Browning}, 기온이 하루 만에 +7°C에서 −49°C로 떨어졌다.

가장 빠른 상승 : 미국 사우스다코타 주의 스피어피쉬^{Spearfish}, 2분 만에 기온이 −20°C에서 +7°C로 올랐다.

가장 폭 넓은 범위 : 동부 시베리아, 전형적인 기온이 −60°C부터 +37°C까지 변한다.

평균 기후

가장 더운 곳 : 에티오피아 데나킬^{Denakil} 함몰지역인 다롤^{Dalol}, 연간 평균 기온은 34°C.

가장 추운 곳 : 남극 고원 관측소, 연간 평균 기온 −56.7°C.

가장 습한 곳 : 인도 아쌈^{Assam}에 있는 마우신람^{Mawsynram}, 연간 평균 강수량 7,620~8,000mm.

가장 건조한 곳 : 칠레 아타카마^{Antacama} 사막, 연간 평균 강수량 0.07mm. 이 수치는 몇 해에 걸친 평균이다. 여러 해 동안 기록할 만한 강수량이 없다.

바람과 날씨

보퍼트 풍력 계급$^{Beaufort\ scale}$

보퍼트 풍력 계급은 항해하는 선박에 미치는 바람의 영향을 설명하기 위해서 1805년 영국 해군 소장 프란시스 보퍼트$^{Francis\ Beaufort}$가 고안해냈다. 이 계급은 0부터 17까지의 숫자로 표시되는데 각 숫자는 풍속을 나타낸다.

숫자	이름	풍속 (km/h)	숫자	이름	풍속 (km/h)
0	무풍 상태	2미만	7	센바람	51-61
1	실바람	2-5	8	큰바람	62-74
2	남실바람	6-11	9	대강풍	75-87
3	연풍	12-19	10	노대바람	88-101
4	건들바람	20-29	11	폭풍	102-116
5	흔들바람	30-39	12-17	허리케인 이상	117
6	된바람	40-50			

풍속 냉각 지수

풍속 냉각이란 각 절대 온도와 풍속에서 인간이 느끼는 추위를 말한다. 예를 들어 4°C의 기온에 시속 16km의 바람이 동반될 경우 인간은 −2°C와 같은 강한 추위를 느낀다.

Fact!
지표면 위 약 700km에는 대기가 매우 희박해서 공기 분자가 서로 충돌하지 않고 이동할 수 있는 평균거리가 지구 반지름과 같다.

오존 구멍

2002년 9월 24일

오존 구멍은 평균 오존층에 비해 오존층이 얇고 덜 조밀한 지역을 말한다. 이 구멍은 남극 전역에서 발견되는데 남극의 기류와 낮은 온도로 인해 오존에 해로운 CFC(클로로플루오로카본, 탄소, 염소, 수소, 불소로 된 각종 화합물, 스프레이의 분사제, 냉각제로 사용 : 역주)와 같은 화학 물질이 오존층에 싸여 오존을 침식하게 만들기 때문이다.

최근의 연구는 오존 구멍의 크기가 극단적으로 다르기는 하지만 지구 역사상 그 크기가 현재 가장 큰 상태이며 남극의 일부뿐만 아니라 남아메리카와 포클랜드 끝까지 뒤덮고 있음을 보여주고 있다. 매년 10월, 가장 큰 크기로 퍼지다가 그 다음 두 달에 걸쳐 점차 크기가 줄어든다.

텍토닉 플레이트 Plate Tectonics
(판을 이루어 움직이는 지각의 표층 : 역주)

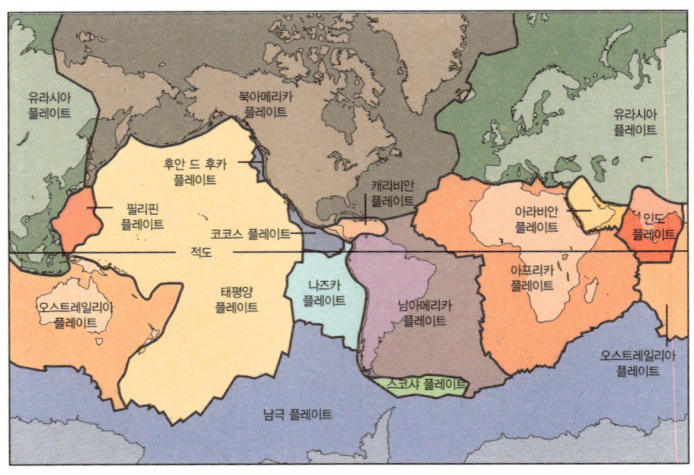

지표면은 유동적인 마그마 층 즉, 맨틀 위에 떠다니는 단단한 암석으로 된 지각으로 이루어져 있다. 이 지각은 서로 맞물린 수많은 플레이트로 나뉘어 있다.

지구 지각의 대부분은 플레이트 경계에서 일어나는 화산 활동을 통해 만들어졌다. 예를 들면 40,000km 길이의 화산 조직망인 중앙 해령계는 연간 17km³의 속도로 해저를 현무암으로 뒤덮으며 새로운 지각을 만들어낸다.

아래에 그 위치와 지구상에 존재하는 다양한 유형의 플레이트 경계가 있다.

활동 중이거나 확장중인 경계 : 화산 작용에 의한 중앙 해령 또는 열곡裂谷(지층이 내려 앉아 생긴 계곡 : 역주)이 특징이며 새로운 플레이트 물질을 만들어 내기위한 마그마가 넘쳐 나온다. 예, 그레이트 리프트 밸리Great Rift Valley(아시아 남서부 요르단 강 계곡에서 아프리카 동남부 모잠비크까지 이어지는 세계 최대의 지구대), 중부대서양 봉우리.

파괴 중인 경계 : 해구, 산맥, 화산과 섬들의 호弧가 특징이며 하나의 암판이 '제거되거나' 나머지 다른 암판 아래로 잠긴다. 예, 알류산 열도Aleutian Islands, 안데스 산맥.

보수 경계 : 단층선과 지진 활동이 특징이며 암판이 발작적으로 서로 미끄러져 지나친다.
예, 캘리포니아 산안드레아스 단층San Andreas Fault.

압축 경계 : 암판이 쌓여 산맥을 형성한다. 예, 히말라야 산맥

화산 Volcanoes

 최소 1,500개의 화산들이 잠재적인 활동을 하고 있는 것으로 여겨진다. 21세기에만 380개의 화산들이 폭발했다. 최근 몇 년을 보면, 적어도 15개의 화산들이 사실상 지속적인 폭발 상태에 있다.
 약 50~60개의 화산들이 매년 폭발한다. 매일 적어도 한 개의 화산이 세상 어딘가에서 폭발하고 있는 것이다.

세계 최대의 화산

 세계에서 가장 큰 화산은 하와이에 있는 마우나 로아 Mauna Loa이다. 해저 바닥부터 측정을 할 경우 이곳은 세계에서 가장 높은 산이 된다. 부피는 약 155,450km³이고, 지표면의 넓이는 5,125km²이다.

가장 활발한 움직임을 보이는 화산

 가장 활발한 움직임을 보이는 화산을 꼭 집어 정하기는 어렵다. 활동에 대한 정의에 따라 그 답이 달라질 수 있기 때문이다. 최근에 일어난 주요 폭발로 보면 18세기 후반부터 50차례가 넘게 폭발한 하와이에 있는 킬라우에아 Kilauea가 가장 활발한 화산이 된다. 한편 지속적인 활동 기간으로 보면 이탈리아의 에트나 산 Mts Etna과 스트롬볼리 Stromboli가 가장 활발한 화산이 되는데 최소한

Fact!
인도네시아에 있는 크라카타우 Krakatau는 1883년 폭발 하는 중에 수천만 톤의 먼지를 방출했다. 이 방출로 인해 형성된 고층의 대기 속 물질들이 몇 년 간 지구 냉각화의 원인이 되었고 대기 내 광학 현상을 일으켰다. 필리핀의 피나투보 Pinatubo 화산은 1991년 폭발했는데 전 세계에 이산화황 입자를 퍼뜨렸고 이것은 태양 복사열의 강도에 영향을 미쳤다.

2,500년 동안 혹은 5,000년 동안 쉬지 않고 계속 폭발하고 있다.

가장 큰 화산 폭발

화산 폭발의 크기를 측정하는 방법 중 하나는 화산 폭발색인 VEI : Volcanic Explosivity Index 으로 1에서 8까지의 등급으로 그 크기가 매겨진다. 역사상 가장 큰 폭발은 1815년 탐보라^{Tambora}(인도네시아)에서 발생했는데 VEI 7단계로 지난 10,000년 동안 4개뿐인 VEI 7단계 중 하나였다. 탐보라에서 약 40km³의 화산재가 대기 중으로 폭발했고 10,000명의 사람들이 목숨을 잃었다. 간접적 영향인 농작물 손실과 기근은 8만 명이 넘는 희생자를 낳았다.

VEI와 인명의 손실로 인한 파괴력을 기준으로 했을 때 역사상 가장 위험했던 5개의 폭발은 아래와 같다.

위치	날짜	VEI	난민
인도네시아, 탐보라	1815	7	92,000
그리스, 산토리니	기원전 1628	6	미확인(미노스 문명을 파괴시켰을 것으로 추정된다.)
인도네시아, 크라카투아	1883	6	36,400(4,000km 밖에서도 폭발음을 들을 수 있었다. 지름 6km의 분화구 형성. 폭발에 의한 해일로 36,000명의 사람들이 목숨을 잃었다.)
과테말라, 산타마리아	1902	6	6,000
미국, 세인트헬렌스 산	1980	5	57

지구 역사상 가장 컸던 폭발은?

선사시대의 폭발에 대한 정확한 수치를 제시하기는 어렵지만 세인트헬렌스 산보다 2,500배 더 많은 2,500km³의 화산재를 대기 중에 내뿜었던 220만 년 전 옐로우스톤에서의 폭발로 의견이 일치되고 있다. VEI 8이었다.

지진 Earthquakes

리히터 스케일The Richter Scale은 지진의 규모를 나타낸다. 영향이나 피해 규모가 엄격히 구분되어 있지는 않지만 리히터 규모는 여러 가지 지진의 영향과 관련되어 있다.

리히터 지진 규모	지진의 영향
3.5 이하	일반적으로 감지하지는 못하지만 기록 될 수 있다.
3.5~5.4	자주 감지되지만 피해는 거의 없다.
6.0 이하	잘 설계된 건물에 경미한 피해를 입히는 정도에 불과하다. 작은 지역에 열악하게 지어진 건물들에 큰 타격을 입힐 수 있다.
6.1~6.9	약 100km에 이르는 거주지를 파괴시킬 수 있다.
7.0~7.9	큰 지진. 넓은 지역에 걸쳐 심각한 피해를 입힐 수 있다.
8 또는 그 이상	대 지진. 몇백 마일에 이르는 지역에 심각한 피해를 끼칠 수 있다.

역사상 가장 파괴적이었던 지진

아래의 도표는 지진으로 인한 사망자 수의 기준으로 본 역사상 가장 파괴적이었던 지진들을 보여준다.

날짜	위치	사망자 수	지진규모
1556년 1월 23일	중국 샨시Shansi	830,000	~8
1976년 7월 27일	중국 탕산Tangshan	255,000(공식적 수치이며 비공식적 수치는 650,000정도로 예상된다)	7.5
1138년 8월 9일	시리아 알레포Aleppo	230,000	미확인
1927년 5월 22일	중국 시닝Xining 근처	200,000	7.9
856년 12월 22일	이란 담간Damghan	200,000	미확인

산 Mountains

태평양 바닥에 있는 하와이 해구의 가장 낮은 지점부터 측정한다면 하와이의 휴화산 마우나 키$^{Mauna\ Kea}$는 해발 45,250m, 총 높이 109,801m로 세계에서 가장 높은 산이 된다.

에베레스트는 1999년 22.96m 더 높아졌는데 이는 GPS 과학기술 덕택으로 기존보다 더 정확한 측정이 가능해졌기 때문이다.

각 대륙의 최고봉

아시아 : 에베레스트 산 8,850m

남아메리카 : 아콩카과 6,959m

북아메리카 : 매킨리 산 6,194m

아프리카 : 킬리만자로 5,963m

유럽 : 엘브러스 산$^{Mt.\ Elbrus}$ 5,633m. 엘브러스 산은 러시아와 조지아 사이 국경 근처 코카서스^{Caucasus} 지역에 있다. 따라서 유럽 내에서 가장 높은 산은 알프스 산맥에 있는 몽블랑 4,807m.

오세아니아 : 빈손 산 $^{Vinson\ Massif}$ 4,897m

호주 : 코시우스코 산$^{Mt.\ Kosciusko}$ 2,228m

산맥 Mountain Ranges

6,000m가 넘는 봉우리를 가진 산맥은 총 7개가 있다. 가장 높은 봉우리부터 낮은 순서로 나열하면 히말라야, 카라코람 산맥^{Karakoram}, 쿤룬^{Kunlun}, 안데스, 티엔 샨$^{Tien-Shan}$, 강디스^{Gangdise}, 힌두쿠시 산맥$^{Hindu-Kush}$, 파미르 고원^{Pamir}, 탱귤라^{Tanggula} 순이다.

지구에서 가장 긴 산맥들을 그 높이 순으로 나열하면 다음과 같다.

남아메리카의 안데스 : 6,920km
북아메리카의 로키 산맥 : 6,035km
아시아의 히말라야-카라코람-힌두쿠시 : 3,862km
호주의 그레이트 디바이딩 산맥$^{Great\ Dividing\ Range}$: 3,621km
남극의 남극횡단산맥$^{Trans\text{-}Antarctic\ Mountains}$: 3,541km

충돌 분화구$^{Impact\ Craters}$

지구에 있는 충돌 분화구^{Crater}(운석이 떨어져 생긴 구멍 : 역주)의 크기를 결정하는 것은 어렵고 또한 논쟁의 여지가 있다. 풍화작용과 판구조로 3억 년이 넘은 대다수의 지형들이 사라지기도 한다.

지구에서 가장 큰 분화구

태양계 초기에는 우주에서 지구 근처로 돌진하는 큰 덩어리들이 지금보다 많았고 이들 중 하나가 지구 표면에 지구 역사상 가장 큰 상처를 남겼다. 신기하게도 달의 형성에 대한 이론 중 하나는 다른 행성과의 충돌 후 지구로부터 떨어져 나온 물질로 달이 형성되었으며 이로 인해 태평양 주변 지역에 구멍이 남았다는 주장이다.

현재에도 감지되는 분화구는 멕시코 유카탄 반도 밑에 있는 6,500만 년 된 칙술루브^{Chicxulub} 분화구로 그 지름이 180km에서 280km에 달한다고 추정된다. 이것은 세노테 고리$^{Cenote\ Ring}$라고도 알려진 소행성이 남긴 강한 충격의 '자국'으로 이로 인해 공룡이 전멸되었다고 보고 있다. 이 소행성은 지름이 19km로 산만큼 넓으며 그 충격은 TNT 1억 메가톤(50억 원자폭탄에 상당)에 달하는 힘을 갖고 있었다.

최근, 과학자들은 남아메리카에서 칙술루브 분화구와 같이 거대한 충격 자국인 20억 년 된 브레데포트 분화구$^{Vredefort\ crater}$를 발견했다고 주장한다. 이것은 지름이 340km에 달할 것이라고 추정된다.

지구 밖의 가장 큰 분화구

화성에 있는 헬라스 분지$^{The\ Hellas\ Basin}$는 지름이 약 1,500km이다. 혜성 슈메이커-리바이$^{Shoemaker-Levy}$ 9의 파편들로 인한 최근 충격으로 목성의 가스 대기에는 지구만한 크기의 구멍이 생겼다.

지구 생물권$^{Our\ Biosphere}$

열대 우림^{Rainforests}

열대 우림은 놀라운 곳이지만 대부분의 사람들은 미처 깨닫지 못하고 있다. 자연보호활동가와 과학자들, 그리고 여러 다른 전문가들이 열대 우림에 대한 정보를 두고 논쟁을 펼치고 있지만 열대 우림이 지구에서 가장 장엄한 곳 중 하나라는 사실에 대해서만은 절대적으로 동의하고 있다.

생물량과 생산성

열대 우림은 전체 지표면의 6%에 불과하다. 하지만 이 열대 우림 서식지는 전체 초목지의 80%, 또 모든 식물질의 1/3을 차지하고 있다. $1m^2$의 열대 우림은 45~80kg의 살아있는 물질과 생물량을 유지시킬 수 있는데, 매년 최대 3.5kg의 생물량을 만들어낼 수 있다.

생물량이란 주어진 공간 내에서 발견되는 생물체의 중량이다. 예를 들어 아마존 열대 우림 1만㎡의 생물량은 그 안에 있는 나무, 잎, 뿌리, 씨앗, 덩굴, 덩굴식물, 동물, 곤충, 이끼, 박테리아, 부식토 등을 한 데 모아 하나의 단위로 쟀을 때 얼마만큼의 무게가 나가는지를 알려준다. 생물량은 서식지 형태의 생물학적 생산성의 척도로 이용될 수 있다.

Fact!
열대 우림으로 인해 지구의 생태계는 보다 넓고 화려한 다양성을 지니게 된다. 자연보호론자들에 따르면 모든 지구 종의 50~90%가 열대 우림 지역에 살고 있으며 아직도 확인하지 못한 종이 1억 종은 넘을 것이라 추측한다. 열대 우림 2,500㎥에는 200종의 나무와 40,000종이 넘는 곤충이 살고 있고, 600개가 넘는 새로운 종의 딱정벌레가 한 종의 나무에서 발견되었다.

열대 우림의 파괴

열대 우림 파괴 속도에 대해 많은 논쟁이 있다. 특히 어떤 이들은 요즘 몇 년 들어 아마존 강의 벌목과 토지 정리가 늦춰졌다고 주장하기도 한다.

자연보호론자들에 따르면 열대 우림은 다음과 같은 비율로 파괴되고 있다.

- 매초 럭비 경기장 크기의 지역
- 매분 30만㎡
- 하루 40,470 헥타르
- 매년 15,800,000 헥타르 : 미시간 주보다 더 큼

이 수치에 대한 이론이 분분하지만 우리는 매일 최대 270종의 생물을 잃고 있으며 이는 지난 빙하시대 이후 가장 빠른 멸종 속도이다.

사막화와 토양의 감소

토양의 손실과 경작지의 반사막화^{Semidesert}는 거대하고 계속적인 지구의 문제이다. 바람과 물에 의해 떠내려간 토양이 남아있는 토양에 비해 1.3~5배의 유기체를 포함하고 있다.

지구에서 토양 손실이 가장 심한 지역 : 중국, 황하 중간 구역 / 양 쯔 강 상부 구역

황하의 연간 표토 적재량 : 1조 6,000억kg

농작 중단으로 인해 매년 파괴되거나 버려지는 경작지 : 600만 ~1,200만 헥타르

부식으로 이미 손실된 경작지 : 10억 이상의 헥타르, 전체 지표면 의 1/12에 해당한다. 지난 20년에 걸쳐 전 미국경작지에 달하 는 지역이 손실되었다.

토양 부식률은 아시아, 아프리카, 남아메리카에서 가장 높다. 이곳은 해마다 1 헥타르 당 평균 3만kg에서 4만kg 토양이 손실 되는데 이는 미국과 유럽의 두 배에 달한다.

대양 Oceans

4개의 대양이 있었으나 2000년 국제수로기구에서 북극해를 제치고 남극해를 네 번째로 큰 대양으로 승인하여 5개의 대양이 되었다.

크기에 따라

이름	크기(km²)	인접한 대륙
태평양	155,555,400	미국, 호주, 아시아
대서양	76,762,000	미국, 아프리카, 유럽
인도양	68,556,000	아프리카, 아시아
남극해	20,327,000	오세아니아, 미국, 아프리카, 호주
북극해	14,056,000	미국, 아시아

지구 해수의 1%만을 차지하는 가장 작은 대양인 북극해는 세계 총 담수의 25배에 달하는 담수를 가지고 있다.(담수淡水, 민물 freshwater : 역주)

가장 깊은 곳

지표면에서 가장 깊은 곳은 태평양에 있는 마리아나 협곡Mariana Trench이다. 깊이 10,920m로 에베레스트 산의 높이 보다 2km 더 깊다. 마리아나 협곡에서 가장 깊은 곳은 챌린저 해연Challenger Deep 으로 알려져 있으며 해수면에서 11,033m 아래에 있다고 추정된다.

대서양에서 가장 깊은 곳은 푸에르토리코 협곡 내에 있으며 해수면에서 9,219m 아래에 있다. 카리브 해에서 가장 깊은 지점은 6,946m인 반면 지중해에서 가장 깊은 지점은 남부 그리스 해안에서 떨어진 지점으로 해수면에서 4,632m 아래에 있다.

대양의 염도 Salinity of the Oceans

성분이 다른 여러 가지의 소금이 세계의 대양과 바다에 용해되어 있다. 이 소금의 총 고체질량은 50,000,000,000,000,000,000 톤에 달한다.

만약 바다에서 소금을 추출해서 지표면에 뿌린다면 154m 두께의 층을 형성할 것이고 이는 40층짜리 사무실용 빌딩 높이와 같다.

대양의 운명

태양이 나이가 들어감에 따라 광도는 점차 증가할 것이고 지구는 점점 뜨거워질 것이다. 대략 5억 년 후에 대양의 온도는 60°C까지 다다를 것이고 대기 중의 수분양은 급격히 상승할 것이다. 이 물은 성층권을 거쳐 초고층 대기, 그리고 우주로 이동할 것이다. 지금으로부터 약 10억 년 후에 대양은 완전히 끓어서 없어질 것이다.

가장 큰 파도
지진으로 인한 해일인 쓰나미 중에서 역사상 가장 높은 높이를 기록한 것은 1737년 시베리아 동부 해안에 있는 캄차카 반도를 강타한 것으로 그 높이가 해발 64m, 약 18층 건물의 높이에 달했다.

식물성 플랑크톤 Phytoplankton

인간 활동으로 6조 3,000억kg의 탄소가 대기 중으로 방출되는 것으로 추정된다. 하지만 견제효과로써 이 탄소 중 2조 7,000억kg~3조 6,000억kg은 광합성을 하는 식물 플랑크톤인 대양 식물성 플랑크톤에 의해 흡수된다. 매년 남극해에서만 4,980억kg의 식물성 플랑크톤이 자란다.

과학자들의 평가에 따르면 대양 식물은 30~40%의 산소를 발생시키는데 이 산소는 지구 대기 내에 있는 생명체에 에너지를 제공하는 역할을 한다.

빙하와 대양

남극에는 대서양의 물과 비슷한 양의 얼음이 있는데 3,000만 km^3에 달한다.

만약 지구 극지에 있는 얼음이 전부 녹는다면 세계 해수면은 150~180m 더 높아질 것이다. 그 결과 물에 잠긴 지표면은 현재의 70.9%에서 85~90%가 될 것이다. 미국에는 미시시피 강의 줄기를 따라 새로운 대양이 생기는데 이 대양의 크기는 5대호에서부터 멕시코 만까지 이르게 될 것이다.

빙산 icebergs

북극은 해마다 10,000개에서 50,000개의 빙산을 만들어낸다. 빙산이 녹는 데 보통 4년이 걸린다.

역사상 가장 큰 빙산은 1956년 남태평양에서 발견되었다. 334km에 이르는 길이에 넓이는 97km로 벨기에와 그 크기가 비슷하다.

오염과 대양

매년 세계 대양에 버려지는 쓰레기의 총 양은 대양에서의 총 어획량보다 3배 더 높다.

1리터의 기름은 식수 750만 리터를 오염시킬 수 있다. 유조선 엑손 발데즈 Exxon Valdez가 알래스카에서 벗어나 좌초했을 때 42,676,000kg의 기름이 유출되었다. 이는 올림픽 표준 수영장 125개를 합한 것과 같다. 1979년 7월 19일 역사상 최악의 유조선 재해가 일어났다. 아틀란틱 임프레스 Atlantic Empress가 토바고 섬 해안에서 벗어난 이진 캡틴 Aegean Captain과 충돌하면서 280,013,000kg의 기름을 바다에 방출했다.

최근 기록에 따르면 1994년과 1998년 사이에 해양 구조 직원들은 대양에서 70억kg의 기름과 독성 화학제품 428,750,000kg, 기타 206,136,000kg의 다른 오염 물질을 회수했다.

강, 호수, 폭포 Rivers, Lakes, and Waterfalls

세계에서 가장 긴 강

강	대륙	길이 (km)
나일	아프리카	6,825
아마존	남아메리카	6,437
장강(별칭 양쯔강)	아시아	6,380
미시시피(미주리와 레드락 포함)	북 아메리카	5,971
예니세이–앙가라 강 Yenisey-Angara	아시아	5,536

세계에서 가장 큰 호수

바다	대륙	크기 (km^2)
카스피 해 Caspian Sea	아시아–유럽	370,370
슈피리어 호 Superior	북아메리카	82,100
빅토리아 호 Victoria	아프리카	69,500
휴런 호 Huron	남아메리카	59,600
미시간 호 Michigan	남아메리카	57,800
탕가니카 Tanganyika	아프리카	32,900
바이칼 호 Baikal	아시아	31,500
그레이트베어 Great Bear	북아메리카	31,330
말라위 Malawi	아프리카	28,900
아랄 해 Aral Sea	아시아	28,490

러시아에 있는 바이칼 호는 세계에서 가장 깊은 호수로 그 깊이가 무려 1,620m에 이른다. 전 세계의 액체 담수 비축량의 5분의 1을 포함하고 있다. 세계의 모든 강으로 바이칼 호 유역을 채운다면 1년에 가까운 시간이 걸린다.

세계에서 가장 높은 폭포

폭포	장소	높이 (m)
엔젤Angel	베네수엘라 카나이마 국립공원	979
투겔라Tugela	남아프리카 공화국, 나탈Natal NP	853
유티고드Utigord	노르웨이, 네스데일Nesdale	800
몽게포슨Mongefossen	노르웨이, 마스틴Marstein	774
뮤타라지Mutarazi	짐바브웨, 냥가Nyanga NP	762
요세미티Yosemite	미국, 요세미티 NP	739

지구 최후의 날! 시나리오 Doomsday Scenarios

현대 문명이 무너지는 방법은 셀 수도 없이 많다. 위험 평가에 비례한 지구 최후의 날에 대한 가상 시나리오는 다음과 같다.

생태적 붕괴

세계의 많은 지역이 절박한 물 위기에 직면하고 있고 자원의 감소는 점점 더 증가한다. 미래에 물 전쟁이 일어날 지도 모른다. 이러한 물 위기는 토양 손실과 사막화라는 끔찍한 문제를 더 악화시키고 있으며 전 세계 많은 토양에 염분이 증가함으로써 더 악화된다. 그러나 이 모든 것은 빙산의 일각일 수도 있다. 개발도상국들이 하나둘씩 선진국 수준에 달하는 소비와 삶의

질에 도달하면서 지구는 오염, 서식지 파괴, 물고기 남획, 인구에 대한 압박감 등과 같은 더 악화된 문제들과 맞닥뜨리게 된다. 학술 조사 결과 지구 생태계는 극적인 변화 없이도 이런 많은 피해들을 흡수할 수 있음을 보여주지만 일정한계를 넘어서면 지구는 필연적으로, 갑작스럽게 붕괴할 수도 있음을 경고한다. 그것은 서서히 가뭄, 기근, 질병, 재해의 증가라는 결과로 나타날 수 있다.

위험 평가 : 7/10

제3차 세계대전

악화되고 있는 전 세계적 빈곤, 불법, 빈부의 차로 대대적인 인구이동이 일어날 것이고, 이는 지구의 불안정을 고조시킬 것이다. 대량 학살 무기로 전 세계는 산산이 부서지고, 계시록에 나와 있는 최후의 대결이 발생할 수도 있다.

위험 평가 : 6/10

기후 변화

지구 온난화는 현재 일반적으로 받아들여지고 있다. 대서양 주변의 지구적 또는 국부적인 또 다른 빙하시대의 출현은 지구 온난화보다는 덜 알려져 있다. 이는 멕시코 만류를 일으키는 극지방의 해류 흐름이 실패함으로 인해 발생하게 된다. 기후 불안이 증가함에 따라 국지적 혹은 국부적 빙하시대가 모두 가능해지고, 기상재해가 더 악화될 것이며 시나리오 1과 2의 가능성을 증대시킬 것이다.

위험 평가 : 5/10

프랑켄슈타인 효과

과학적, 기술적 진보가 사회 통제를 앞서면서 인간 자신의 발명에 의한 멸망의 가능성이 증가한다. 인간이 처할 수 있는 위험영역으로 나노기술(미세기계가 걷잡을 수 없이 복제할 수 있다), 지구 슈퍼전염병(항생 물질에 대한 내성을 가진 벌레의 결합, 생물학적 전쟁에 의해 야기된 조작 유전자), 서서히 진행되는 유독 물질에 의한 먹이사슬의 오염, 세계 IT 시스템을 파괴시키는 Y2K 스타일의 컴퓨터 버그, 휴대폰과 다른 출처에서 생기는 전자기의 오염으로 인한 광범위한 암의 유발과 더불어 비만과 당뇨 같은 '문명' 질병의 끊임없는 충격들을 들 수 있다.

또한 우주의 근본적인 힘을 조사하는 물리학자들로 인한 통제할 수 없는 실험의 연쇄반응 유발의 위험성도 존재한다.

위험 평가 : 2/10

거대한 소행성/혜성 충돌

이것은 가장 명백하고 인기 있는 최후의 날 시나리오이지만 실제로 그 가능성은 희박해 보인다. 충분한 주의가 주어진 상태이기 때문에 아직은 이론상이지만 머잖아 세계는 과학기술의 향상으로 스스로를 보호하는 장비를 갖추게 될 것이다.

위험 평가 : 1/10

거대한 화산 폭발

엄청난 화산 폭발이 산성비와 유독성 바다와 함께 '핵겨울' 효과를 일으킬 수 있다.

위험 평가 : 1/10 이하

대규모 해일

거대한 산사태가 바다 속에서 일어날 경우 주변 해안 지대에 위치한 도시 전체를 없앨 수 있는 큰 해일이 형성될 수 있다. 그 중 첫 번째 후보는 카나리아 제도에 있는데, 거대한 화산 균열로 인해 그 섬의 절반이 바다로 무너져 내리고 이로 인해 미국 동부 해안 혹은 유럽의 서부 해안이 침수 될 수 있다.

위험 평가 : 1/10 이하

희박한 오존

과학자들은 CFCs 금지법에 대한 효과에 대해 의견을 달리한다. 2003년에 우리는 역사상 가장 큰 오존 구멍을 목격했다. 전 세계의 나머지 오존층이 얇아져서 자외선에 노출되는 양이 증가하고 피부암의 발생 비율도 급격히 증가할 수 있다. 상황이 훨씬 더 악화된다면 지표면에 살고 있는 생명체는 유지되지 못할 수도 있다.

위험 평가 : 1/10 이하

우주 대참사

유동적인 블랙홀이나 가까운 초신성 또는 아직 알려지지 않은 방법으로 생긴 우주의 충돌 파동은 지구 생명체에 파멸을 가져올 수도 있다. 하지만 그 가능성은 상당히 희박하다.

위험 평가 : 1/10 이하

극지 역전

사람들에게 가장 널리 화자 되는 최후의 날 예언이다. 하지만 극지가 역전된다고 해도 그 가능성은 아직 불투명하고 문명에 비극적인 영향을 미치지는 않을 것이다.
 위험 평가: 1/10 이하

세계의 국가

NATIONS OF THE WORLD

국가

세계의 대부분의 국가를 영토크기, 총인구, 국민총생산 비율에 관한 자료를 바탕으로 다음과 같이 표를 만들었다. 각 국가별 수도와 주요 언어도 덧붙였다. 공식적으로 승인된 민족 국가들만 포함되었다. 버뮤다와 페로스 제도 같은 이례적인 경우를 제외하고 예속된 영토는 제외하였다. 각 나라의 국기는 이 책 끝에 실려 있다.

국가	면적(km²)	인구	GDP*	수도	주요 언어
아프가니스탄	647,500	26,813,057	$21,000	카불	파쉬툰어, 다리어
알바니아	28,749	3,510,484	$10,500	티라나	알바니아어
알제리	2,381,748	31,736,053	$171,000	알제	아랍어, 베르베르어
안도라	469	67,627	$1,200	안도라 라 베야	카탈루냐어
앙골라	1,246,704	10,366,031	$10,100	루안다	포르투갈어, 반투어
앤티가와 바부다	443	66,970	$533	세인트 존스	영어
아르헨티나	2,766,900	37,384,816	$476,000	부에노스 아이레스	스페인어
아르메니아	29,800	3,336,100	$10,000	예레반	아르메니아어
호주	7,686,879	19,357,594	$445,800	캔버라	영어
오스트리아	83,859	8,150,835	$203,000	비엔나	독일어
아제르바이잔	86,599	7,771,092	$23,500	바쿠	아제르바이잔어
바하마	13,939	297,852	$4,500	나소	영어
바레인	619	645,361	$10,100	마나마	아랍어
방글라데시	144,000	131,269,860	$203,000	다카	벵골어
바베이도스	430	275,330	$4,000	브리지타운	영어
벨라루스	207,600	10,350,194	$78,800	민스크	벨라루스어, 러시아어
벨기에	30,510	10,258,762	$259,200	브뤼셀	네덜란드어, 프랑스어
벨리즈	22,965	256,062	$790	벨모판	영어

*국내 총생산(Gross Domestic Product)

국가	면적(km²)	인구	GDP	수도	주요 언어
베넨	112,620	6,590,782	$6,600	포르토노보	프랑스어, 아프리카어
버뮤다	60	63,503	$2,100	해밀턴	영어
부탄	47,000	2,049,412	$2,300	팀부	종카어
볼리비아	1,098,580	8,300,463	$20,900	라파스	스페인어, 카츄아어, 아이마라어
보스니아 헤르체코비나	51,129	3,922,205	$6,500	사라예보	세르비아어, 보스니아어, 크로아티아어
보츠와나	600,370	1,586,119	$10,400	가보로네	세츠와나어, 영어
브라질	8,511,960	174,468,575	$1,130,000	브라질리아	포루투칼어
브루나이	5,770	343,653	$5,900	반다르세리베가완	말레이어
불가리아	110,911	7,707,495	$48,000	소피아	불가리아어
부르키나 파소	274,199	12,272,289	$12,000	와가두구	프랑스어, 아프리카어
버마(미얀마)	678,499	41,994,678	$63,700	랑군	버마어
부룬디	27,829	6,223,897	$4,400	부줌부라	키룬디어, 스와힐리어, 프랑스어
캄보디아	181,041	12,491,501	$16,100	프놈펜	크메르어
카메룬	475,441	15,803,220	$26,000	야운데	프랑스어, 영어
캐나다	9,976,144	31,592,805	$774,700	오타와, 온타리오	영어, 프랑스어
카보베르데	4,033	405,163	$670	프라이아어	포르투갈어, 크리오울로어
중앙아프리카공화국	622,983	3,756,884	$6,100	방기	상고어, 프랑스어
차드	1,284,000	8,707,078	$8,100	은자메나	프랑스어, 아랍어
칠레	756,950	15,328,467	$153,100	산티아고	스페인어
중국	9,596,996	1,273,111,290	$4,500,000	베이징	중국어
콜롬비아	1,138,908	40,349,388	$250,000	보고타	스페인어
코모로	2,170	596,202	$419	모로니	코모란어, 아랍어, 프랑스어
콩고민주공화국	2,345,408	53,624,718	$31,000	킨샤사	프랑스어, 링갈라어
브라자빌콩고	342,0000	2,894,336	$3,100		
쿡 아일랜드	241	20,611	$100	아바루아	영어, 쿡 아일랜드

국가	면적(km²)	인구	GDP	수도	주요 언어
					마오리어
코스타리카	51,100	3,773,057	$25,000	산호세	스페인어
코트디부아르	322,459	16,393,221	$26,200	야무스크로 (공식 수도)	프랑스어
크로아티아	56,542	4,334,142	$24,900	자그레브	크로아티아어
쿠바	110,859	11,184,023	$19,200	아바나	스페인어
키프로스	9,249	762,887	$10,530	니코시아	그리스어, 터키어 (북 키프로스)
체코	78,865	10,264,212	$132,400	프라하	체코어
덴마크	43,095	5,352,815	$136,200	코펜하겐	덴마크어
지부티	23,000	460,700	$574	지부티	아랍어, 프랑스어
도미니카공화국	48,731	8,581,477	$48,300	산토 도밍고	스페인어
동티모르	14,874	952,618	정보 없음	딜리	테툼어
에콰도르	283,560	13,183,978	$37,200	키토	스페인어, 케츄아어
이집트	1,001,450	69,536,644	$247,000	카이로	아랍어
엘살바도르	21,041	6,237,662	$24,000	산살바도르	스페인어
적도기니	28,052	486,060	$960	말라보	팡, 부비, 스페인어, 프랑스어
에리트레아	121,320	4,298,269	$2,900	아스마라	티그리냐어, 아랍어
에스토니아	45,226	1,423,316	$14,700	탈린	에스토니아어, 러시아어
에디오피아 민주연방공화국	1,127,127	65,891,874	$39,200	아디스아바바	암하라어, 티크리냐어
페로스제도	1,399	45,661	$910	토르스하운	페로어, 덴마크어
피지	18,270	844,330	$5,900	수바 (비티레부섬)	피지어, 힌디어, 영어
핀란드	337,030	5,175,783	$118,300	헬싱키	핀란드어, 스웨덴어
프랑스	547,029	59,551,227	$1,448,000	파리	프랑스어
프랑스령기아나	91,000	177,562	$1,000	카옌	프랑스어
가봉	267,668	1,221,175	$7,700	리브르빌	프랑스어, 팡, 반투어
감비아	11,300	1,411,205	$1,500	반줄	영어, 만딩카
그루지야	69,699	4,989,285	$22,800	트빌리시	그루지야어

국가	면적(km²)	인구	GDP	수도	주요 언어
독일	357,020	83,029,536	$1,936,000	베를린 (1990년 10월 이후)	독일어
가나	238,540	19,894,014	$37,400	아크라	영어, 어웨어, 가나어
그리스	131,939	10,623,835	$181,900	아테네	그리스어
그레나다	339	89,227	$394	성조지	영어
과테말라	108,891	12,974,361	$46,200	과테말라시티	스페인어
기니	245,857	7,613,870	$10,000	코나크리	프랑스어
기니비사우	36,120	1,315,822	$1,100	비사우	포르투칼어, 크리오울어
가이아나	214,969	697,181	$3,400	조지타운	영어, 힌디어
아이티	27,749	6,964,549	$12,700	포르토프랑스	프랑스어, 크레올어
온두라스	112,090	6,406,052	$17,000	테구시갈파	스페인어
헝가리	93,030	10,106,017	$113,900	부다페스트	헝가리어
아이슬란드	102,999	277,906	$6,850	레이캬비크	아이슬란드어
인도	3,287,588	1,029,991,145	$2,200,000	델리	힌디어, 영어, 17개의 지역어
인도네시아	1,919,438	228,437,870	$654,000	자카르타	바하사인도네시아어, 자바어
이란	1,647,999	66,128,965	$413,000	테헤란	페르시아어, 투르크어, 쿠르드어
이라크	437,071	23,331,985	$57,000	바그다드	아랍어
아일랜드	70,279	3,840,838	$81,900	더블린	영어, 아일랜드어
이스라엘	20,769	5,938,093	$110,200	예루살렘	히브리어, 아랍어
이탈리아	301,229	57,679,825	$1,273,000	로마	이탈리아어
자메이카	10,989	2,665,636	$9,700	킹스턴	영어
일본	377,835	126,771,662	$3,150,000	도쿄	일본어
요르단	92,299	5,153,378	$17,300	암만	아랍어
카자흐스탄	2,717,299	16,731,303	$85,600	아스타나	러시아어, 카자흐어
케냐	582,649	30,765,916	$45,600	나이로비	스와힐리어, 영어, 키쿠유어, 루오어
키리바시	811	94,149	$76	타라와	키리바시어, 영어
북한	120,541	21,968,228	$22,000	평양	한국어

국가	면적(km²)	인구	GDP	수도	주요 언어
대한민국	98,479	47,904,370	$764,600	서울	한국어
쿠웨이트	17,819	2,041,961	$29,300	쿠웨이트	아랍어
키르기즈스탄	198,499	4,753,003	$12,600	비슈케크 (이전 수도, 푸룬제)	키르기즈어, 러시아어
라오스	236,800	5,635,967	$9,000	비엔티안	라오어
라트비아	64,589	2,385,231	$17,300	리가	라트비아어, 러시아어
레바논	10,399	3,627,774	$18,200	베이루트	아랍어
레소토	30,355	2,177,062	$5,100	마세루	세수토어, 영어
라이베리아	111,369	3,225,837	$3,350	몬로비아	영어
리비아	1,759,540	5,240,599	$45,400	트리폴리	아랍어
리히텐슈타인	161	32,528	$730	파두츠	독일어
리투아니아	65,200	3,610,535	$26,400	빌니우스	리투아니아어, 러시아어, 폴란드어
룩셈부르크	2,585	442,972	$15,900	룩셈부르크	룩셈부르크어
마케도니아 (구 유고슬라비아공화국)	25,713	2,046,209	$9,000	스코페	마케도니아어, 알바니아어
마다가스카르	587,039	15,982,563	$12,300	안타나나리보	마다가스카르어, 프랑스어
말라위	118,479	10,548,250	$9,400	릴롱궤	치치와어, 영어
말레이시아	329,750	22,229,040	$223,700	쿠알라룸푸르	말레이어, 중국어
몰디브	300	310,764	$594	말레	디베히어
말리	1,239,998	11,008,518	$9,100	바마코	밤바라어, 프랑스어
몰타	316	394,583	$5,600	발레타	몰타어, 영어
마샬군도	181	70,822	$105	마주로	마샬어, 영어
모리타니아	1,030,699	2,747,312	$5,400	누악쇼트	아랍어, 프랑스어
모리셔스	2,040	1,189,825	$12,300	포트루이스	모리셔스어(크레올어), 보푸리어, 영어, 프랑스어
멕시코	1,972,548	101,879,171	$915,000	멕시코시티	스페인어
미크로네시아 (미크로네시아연방공화국)	702	134,597	$263	팔리키르	영어
몰도바	33,843	4,431,570	$11,300	키시나우	러시아어, 몰도바어

국가	면적(km²)	인구	GDP	수도	주요 언어
모나코	1.95	31,842	$870	모나코	프랑스어
몽골	1,564,998	2,654,999	$4,700	울란바토르	몽골어
모로코	446,550	30,645,305	$105,000	라바트	아랍어, 베르베르어
모잠비크	801,588	19,371,057	$19,100	마푸토	포루투칼어, 스와힐리어
나미비아	825,416	1,797,677	$7,600	빈트후크	영어, 반투어, 아프리칸스어, 독일어
나우루	21	12,088	$59	아렌	영어, 나우루어
네팔	140,800	25,284,463	$33,700	카트만두	네팔어
네덜란드	41,525	15,981,472	$388,400	암스테르담(공식 수도) 헤이그(행정상 수도)	네덜란드어
뉴질랜드	268,680	3,864,129	$67,600	웰링턴	영어, 마오리어
니카라과	129,494	4,918,393	$13,100	마나구아	스페인어
니제르	1,266,999	10,355,156	$10,000	니아메	하우사어, 제르마어, 프랑스어
나이지리아	923,768	126,635,626	$117,000	아부자	영어, 요루바어, 이보어, 하우사어
노르웨이	324,220	4,503,440	$124,100	오슬로	노르웨이어
오만	212,459	2,622,198	$19,600	무스카트	아랍어
파키스탄	803,940	144,616,639	$282,000	이슬라마바드	펀자브어, 우르두어, 파슈트어, 신드어
팔라우	458	19,092	$129	코로르	팔라우어, 영어
팔레스타인(통계자료 요청 중)	정보 없음	정보 없음	정보 없음	동 예루살렘	아랍어
파나마	78,200	2,845,647	$16,600	파나마	스페인어
파푸아뉴기니	462,839	5,049,055	$12,200	포트모르즈비	영어, 피진어
파라과이	406,750	5,734,139	$26,200	아순시온	스페인어
페루	1,285,219	27,483,864	$123,000	리마	스페인어, 케츄아어
필리핀	300,001	82,841,518	$310,000	마닐라	필리핀어, 타갈로그어, 세부아노어
폴란드	312,684	38,633,912	$327,500	바르샤바	폴란드어
포르투갈	92,390	10,066,253	$159,000	리스본	포르투갈어
카타르	11,438	769,152	$15,100	도하	아랍어

국가	면적(km²)	인구	GDP	수도	주요 언어
루마니아	237,499	22,364,022	$132,500	부쿠레슈티	루마니아어
러시아	17,075,188	145,470,197	$1,120,000	모스크바	러시아어
르완다	26,338	7,312,756	$6,400	키갈리	킨야르완다어, 프랑스어, 영어
세인트키츠네비스	262	38,756	$274	바스테르	영어, 크레올어
세인트루시아	619	158,178	$700	캐스트리스	영어, 파토와어
세인트빈센트섬	388	115,942	$322	킹스타운	영어, 크레올어
사모아	2,859	179,058	$571	아피아	사모아어, 영어
산마리노	62	27,336	$860	산마리노	이탈리아어
상투메 프린시페	1,000	165,034	$178	상투메	크리오울어, 포루투칼어
사우디아라비아	1,960,580	22,757,092	$232,000	리야드	아랍어
세네갈	196,189	10,284,929	$16,000	다카르	월로프어, 프랑스어
세르비아-몬테네그로	102,351	10,677,290	$24,200	베오그라드	세르비아어
세이셸	456	79,715	$610	빅토리아	크레올어, 영어
시에라리온	71,740	5,426,618	$2,700	프리타운	영어, 멘데어, 템네어, 트리오어
싱가포르	693	4,300,419	$109,800	싱가포르	중국어, 말레이어, 영어
슬로바키아	48,845	5,414,937	$55,300	브라티슬라바	슬로바키아어, 헝가리어
슬로베니아	20,254	1,930,132	$22,900	류블랴나	슬로베니아어
솔로몬제도	28,451	480,442	$900	호니아라 (과달카날)	영어, 피진어
소말리아	637,658	7,488,773	$4,300	모가디슈	소말리아어
남아프리카 공화국	1,219,910	43,586,097	$369,000	프리토리아	영어, 아프리칸스어, 줄루어, 코사어, 아프리카어
스페인	504,781	40,037,995	$720,800	마드리드	스페인어, 카탈로니아어, 바스크어
스리랑카	65,610	19,408,635	$62,700	콜롬보	신할리어, 타밀어
수단	2,505,808	36,080,373	$35,700	카르툼	아랍어, 아프리카어
수리남	163,270	433,998	$1,480	파라마리보	네덜란드어, 스라난통고어
스와질란드	17,363	1,104,343	$4,400	음바바네	스와지어, 영어

국가	면적(km²)	인구	GDP	수도	주요 언어
스웨덴	449,964	8,875,053	$197,000	스톡홀름	스웨덴어
스위스	41,290	7,283,274	$207,000	베른	독일어, 프랑스어, 이탈리아어
시리아	185,179	16,728,808	$50,900	다마스쿠스	아랍어
대만	35,980	22,370,461	$386,000	타이페이	중국어
타지키스탄	143,099	6,578,681	$7,300	두샨베	타지크어, 러시아어
탄자니아	945,087	36,232,074	$25,100	다르 에 살람, 도도마(공식 수도)	스와힐리어, 영어
타이	513,999	61,797,751	$413,000	방콕	타이어
토고	56,785	5,153,088	$7,300	로메	프랑스어, 어웨어, 카비예어
통가	749	104,227	$225	누쿠알로파	통가어, 영어
트리니다드토바고	5,128	1,169,682	$11,200	포트오브 스페인	영어
튀니지	163,610	9,705,102	$62,800	튀니스	아랍어, 베르베르어
터키	780,578	66,493,970	$444,000	앙카라	터키어, 쿠르드어
투르크메니스탄	488,099	4,603,244	$19,600	아스하바트	투르크멘어
투발루	26	10,991	$12	푸나푸티	투발루어, 영어
우간다	236,039	23,985,712	$26,200	캄팔라	영어, 아프리카어
우크라이나	603,700	48,760,474	$189,400	키예프	우크라이나어, 러시아어
아랍에미리트	82,880	2,407,460	$54,000	아부다비	아랍어
영국	244,819	59,647,790	$1,360,000	런던	영어
미국	9,629,128	278,058,881	$9,963,000	워싱턴	영어, 스페인어
우루과이	176,220	3,360,105	$31,000	몬테비데오	스페인어
우즈베키스탄	447,400	25,155,064	$60,000	타슈켄트	우즈베크어, 러시아어
바누아투	12,199	192,910	$245	빌라	비슬라마어, 영어, 프랑스어
바티칸(교황청)	0.44	890	정보 없음	바티칸	이탈리아어
베네수엘라	912,049	23,916,810	$146,200	카라카스	스페인어
베트남	329,560	79,939,014	$154,400	하노이	베트남어
서사하라	266,000	250,599	정보 없음	엘아이운	아랍어, 스페인어,

국가	면적(km²)	인구	GDP	수도	주요 언어
					하사니어
예멘	527,969	18,078,035	$14,400	사나	아랍어
잠비아	752,614	9,770,199	$8,500	루사카	영어, 반투어
짐바브웨	390,581	11,365,366	$28,200	하라레	영어, 쇼나어, 반투어

Fact!
국제연합THR UNITED NATION은 그 전신인 국제연맹League of Nation이 제 역할을 못하자 그에 대한 후계자격으로 1945년 10월 24일 설립되었다. 각 나라의 대표자 한 명이 총회에 참석하며 그곳에서 결의안을 통과시키고 의안 채택을 할 수 있으나 회원국들 자체는 힘이 없다. 실질적인 힘은 안전보장이사회가 가지고 있으며 미국, 중국, 러시아, 영국, 프랑스의 다섯 개의 상임이사국들과 2년 임기로 채워지는 열 개의 임시 의석을 갖고 있다.

무기와 군대 Arms and Armies

가장 큰 군대

아래의 도표는 군인의 수를 기본으로 세계에서 가장 강력한 국가들의 순위를 매긴 것이다.

나라	크기	나라	크기
중국	2,810,000	남한	683,000
러시아	1,520,000 (주의 : 이 수치에서 절반을 조금 넘을 것이라고 평가되고 있다. 그러면 5위로 떨어지게 된다)	파키스탄	612,000
		터키	610,000 (주의 : 터키 군 병력에 대한 평가는 500,000~700,000 사이로 다양하다)
미국	1,366,000	이란	513,000
인도	1,303,000	베트남	484,000
북한	1,000,000		

가장 강력한 해군

함선의 수와 함선의 총 톤수를 나타낸 도표이다. '전투 평가'는 전 대원과 전시대비력을 기준으로 한다.

국가	전투 평가	함선 수	1000톤
미국	302	201	2,743,326
영국	46	102	462,664
러시아	45	187	823,723
일본	26	124	281,227
중국	16	219	313,885
프랑스	14	43	178,715
인도	10	57	148,778
대만	10	68	127,005
독일	9	110	108,862
이탈리아	9	99	127,005

공군 규모

국가	항공기 수	대원	국가	항공기 수	대원
미국	2,000	590,000	프랑스	850	90,000
러시아	2,100	130,000	영국	550	70,000
중국	4,500	470,000	독일	500	75,000
우크라이나	850	150,000	이스라엘	450	32,000
인도	850	110,000	이탈리아	300	20,000

최대 핵탄두 보유국

나라	탄두 수	나라	탄두 수
러시아	28,240	영국	400
미국	12,070	이스라엘	불확실
프랑스	510	인도	불확실
중국	425	파키스탄	불확실

최대 석유 매장량 보유국

나라	배럴(10억)	나라	배럴(10억)
사우디아라비아	264.2	러시아	48.6
아랍에미리트 연합국	97.8	리비아	29.5
이란	89.7		

어디에서 살고 싶으신가요?

삶의 질이 최고인 나라

나라	HDI*	나라	HDI*
노르웨이	0.942	미국	0.939
스웨덴	0.941	아이슬란드	0.936
캐나다	0.940	네덜란드	0.935
호주	0.939	일본	0.933
벨기에	0.939	핀란드	0.930

* 인간개발지수 Human Development Index 를 사용해 순위를 매긴 나라들(최고 가능 점수=1)

가장 위험한 나라

나라	위험 평점과 원인	나라	위험 평점과 원인
아프가니스탄	5/5 무장한 민병대	체첸 공화국	4/5 교전 지역
콩고	5/5 내전	파키스탄	4/5 테러리즘
이라크	5/5 피해를 입은 기간시설	솔로몬 제도	3/5 정치적 긴장 상태
콜롬비아	4/5 마약 밀매	라이베리아	3/5 내전
예멘	4/5 테러리즘	이스라엘	3/5 자살폭탄테러

범죄

나라	보고된 범죄(년도)	나라	보고된 범죄(년도)
미국	23,677,800(1999)	러시아	2,952,367(2000)
독일	6,264,723(2000)	캐나다	2,476,520(2000)
영국	5,170,831(2000)	일본	2,443,470(2000)
프랑스	3,771,849(2000)	이탈리아	2,205,782(2000)
남아프리카	3,422,743(2000)	인도	1,764,629(1999)

* 전 세계적으로 보고된 총 범죄 수 : 7,000만 건

식물과 동물
PLANTS AND ANIMALS

생물계^{界}

과학자들은 계층체계구분 또는 분류군에 따라 생물을 분류한다. 이 분류법을 도입한 18세기 스웨덴 박물학자 칼 본 린네(라틴어로는 Carroulus Linnaeus)의 이름을 따서 종종 린네의 분류법이라 불린다. 특수성의 역순에 따른 주요 분류군과 이 분류군을 인간에게 적용한 예는 다음과 같다.

계(界)	동물계				
문(門)	척색동물				
아문	척추동물문				
강	포유류	어류	양서류	파충류	조류
목	영장목				
과	사람과^{科}의 동물				
속	사람속				
종	현 인류				

종^{種}

과학계에 알려진 총 종의 개수 : 1,750,000
곤충의 비율 : 2/3
존재한다고 생각되는 총 종의 개수 : 1,000만~1억(약 1,400만 정도

로 추정됨)
존재했지만 이미 멸종된 종의 비율 : 99%
뒝벌 보다 더 작은 종의 비율 : 99%

린네는 오직 두 개의 생물계 즉 식물계와 동물계가 있다고 믿었다. 오늘날 과학자들은 아래 표에 자세하게 나와 있는 것처럼 적어도 다섯 개의 계를 이용한다.

계	형태상의 구조	영양물 섭취 방식	유기체 종류	지명된 종	전체 종의 수(추정)
모네라계	원핵생물이라 불리는 단세포(세포액이 피막에 싸여 있지 않다), 고리나 뭉치를 형성하는 것도 있다.	양분 흡수 남조 식물, 나선상균	박테리아,	4,000	1,000,000
원생생물계	진핵생물이라 불리는 커다란 단세포(세포액이 피막에 싸여 있다), 고리나 군락을 형성하는 것도 있다.	양분흡수, 섭취 또는 광합성	원생동물과 다양한 종류의 해조	80,000	600,000
진균류	다세포 섬질이 특수화된 진핵 세포로 만들어진다.	양분 흡수	균류, 곰팡이, 섯, 효모, 흰곰팡이와 흑수병균	72,000	1,500,000
식물계	다세포가 특수화된 진핵세포로 만들어진다, 자기만의 이동 수단은 갖고 있지 않다.	양분 광합성	이끼, 양치류, 목질과 비목질의 종자식물	270,000	320,000
동물계	다세포가 특수화된 진핵세포로 만들어진다, 자기만의 이동 수단을 갖고 있다.	양분 섭취	해면, 벌레, 곤충, 물고기, 양서류, 파충류, 조류, 포유류	1,326,239	9,812,298

동물을 나타내는 다양한 표현들

동물의 무리를 표시하는 집합 명사는 굉장히 다양하다. 코브라는 '떨기'^{quiver}, 까마귀는 '매우 불쾌한 일'^{murder}, 염소는 '종족'

동물 이름	집합명사	동물 이름	집합명사
유인원	영민함^{Shrewdness}		^{Bevy}(노루에만 적용)
나귀	걸음^{Pace}	개(사냥개도 포함)	어린 것은 한 배 새끼^{Litter}, 야생인 경우 떼^{Pack}
오소리	무리^{Cete}	돌고래	작은 떼^{Pod}
박쥐	집단^{Colony}	비둘기	동료^{Dule}, 특히 호도애$^{Turtle\ doves}$인 경우 동정하는^{Pitying}
곰	게으름^{Sloth}, 탐정^{Sleuth}, 떼^{Pack}	오리	한 쌍^{Brace}, 비행 시에 떼^{Flock} 수면에 떼 지은 물새^{Raft} 물에서는 젓기^{Paddling}, 한 조^{Team}
비버	집단^{Colony}, 작은 별장^{Lodge}		
벌	다량^{Grist}, 꿀벌 통^{Hive}, 비행^{Flight}, 무리^{Swarm}		
일반 새	공중에서는 비행^{Flight}, 땅에서는 떼^{Flock}	독수리	소집^{Convocation}
대머리수리	지나간 자국^{Wake}	코끼리	떼^{Herd}
애벌레	큰 무리^{Army}	엘크	한 패^{Gang}
고양이	무리^{Clowder}, 맹금의 발톱^{Pounce} (새끼 고양이의 경우 한 배의 새끼^{Kindle}, 한 배 새끼^{Litter}, 음모^{Intrigue} 등)	되새류	매력^{Charm}
		물고기	한 그물의 어획량^{Draught} 보금자리^{Nest}, 떼^{School}, 고기 떼^{Shoal}
소	떼 지어 가는 무리^{Drove}, 가축의 떼^{Herd}, 한 쌍의 멍에^{Yoke}, 한 조^{Team}, 키니^{Kine}(소의 복수형)	여우	가죽끈^{Leash}, 살금살금^{Skulk}, 여우굴^{Earth}
		개구리	큰 무리^{Army}
조개	하천 바닥^{Bed}	수렵조	새장^{Volary}, 한 쌍^{Brace}(사냥꾼이 죽인 한 쌍 또는 두 마리에)
바퀴벌레	침입^{Intrusion}		
코브라	떨기^{Quiver}	거위	떼^{Flock}, 땅에서는 거위 떼^{Gaggle}, 날을 때는 떼^{Skein}/쐐기모양^{Wedge}
가마우지	입속에 하나 가득^{Gulp}		
악어	햇볕쬐기^{Bask}, 부유물^{Float}, 회합^{Congregation}	기린	탑^{Tower}, 군단^{Corps}, 떼^{Herd}
까마귀	매우 불쾌한 일^{Murder}	각다귀	떼^{Cloud}, 큰 떼거리^{Horde}
사슴	떼^{Herd}, 한 무리^{Parcel}, 떼	염소	종족^{Tribe}, 경쾌한 걸음걸이^{Trip}

식물과 동물

동물 이름	집합명사	동물 이름	집합명사
고릴라	떼Band	앵무새	집단Company, 수다쟁이Prattle
갈매기	집단Colony	공작	소집Muster, 과시Ostentation
매	던지기Cast, 많은 수가 비행 시에는 솥Kettle, 두 마리 이상이 나선형으로 비행 시 소용돌이Boil	펭귄	집단Colony
		돼지	한데 모으기Pit, 떼 지어 가는 무리Drove, 한 배 새끼Litter(새끼돼지인 경우), 떼Sounder, 한 팀Team, 큰 집단Passel
하마	부푸는 것Bloat, 굉음Crash, 떼Herd, 천둥Thunder		
		메추라기	떼Bevy, 새의 무리Covey
호박벌	둥지Nest	토끼	집단Colony, 토끼 굴Warren, 보금자리Nest, 떼Herd(가축인 경우에 적용), 한 배 새끼Litter(새끼인 경우)
말	한 조Team, 떼Harras, 넝마Rag(망아지인 경우), 종마Stud(주인에게 속한 전용마의 떼), 경주마Ponies(조랑말)		
		쥐	집단Colony, 약탈자의 무리Horde, 떼Pack, 전염병Plague, 떼Swarm
사냥개	짖는 소리Cry, 벙어리Mute, 떼Herd, 개집Kennel		
		갈까마귀	불친절Unkindness)
하이에나	낄낄대는 웃음소리Cackle	바다표범	작은 떼Pod, 무리Herd, 집단Colony
어치	일행Party, 잔소리꾼Scold	상어	전율Shiver
해파리	찰싹 때리기Smack	양	떼 지어가는 무리Drove, 떼Flock, 무리Herd
캥거루	일단Mob, 무리Troop		
댕기물떼새	사기Deceit	뱀, 독사	보금자리Nest
종달새	상승Ascension, 높임Exaltation	도요새	무리Walk, 한 줌Wisp
표범	뜀Leap, 도약Lepe	참새	무리Host
사자	긍지Pride	다람쥐	짐마차Dray, 총총걸음Scurry
메뚜기	전염병Plague	찌르레기	찌르레기 떼Murmuration
까치	기별Tiding, 매우 불쾌한 알Murder	황새	떼Muster
담비	부유Richness	호랑이	줄무늬Streak
두더지	노동Labour	두꺼비	소집단Knot
원숭이	종족Tribe, 한 무리Troop	송어	배회Hover
나이팅게일	경계Watch	거북이	짐짝Bale
수달	말괄량이Romp, 종족Family	고래	떼Pod, 떼Gam, 떼Herd
올빼미	의회Parliament	늑대	한 떼Pack, 떼거리rout or route(이동 시)
황소	한 팀Team, 멍에Yoke, 떼 지어 가는 무리Drove		

tribe등으로 나타낸다.

영어는 특히 이런 낯설고 별스런 용어들이 풍부하다. 아래의 표는 동물의 무리를 설명하는 정확한 용어 목록이다. 일부는 다른 것들에 비해 덜 알려져 있다.

가장 큰 생물

세계에서 가장 큰 생물은 식물 또는 균의 망상 조직인데 이들은 같은 뿌리 조직이나 서로 뭉쳐있는 덩어리인 균사체 조직망을 공유하는 복제 생물로 식별 가능한 개체들의 무리이다. 오리건 주의 동부, 블루마운틴 안에 있는 맬휴어Malheur 국유림에서 자라고 있는 꿀버섯Armillaria ostoyae은 약 1,220개의 축구장 크기와 맞먹는 크기인 800헥타르에 달하는 지역을 뒤덮고 있다.

과학자들에게 '나는 펼친다' I spread라는 의미인 판도Pando라는 별명으로 불리는 흔들리는 포플러Popilus tremuloides 숲은 미국 유타 주 와사치 마운틴에서 자라며 81헥타르로, 꿀버섯 보다는 작지만 그 무게는 무려 6,706,000kg다. 비록 그것이 숲처럼 보일지라도 실제로 그 나무들은 전부 하나의 거대한 뿌리 조직에서 나온 줄기이다.

가장 나이가 많은 생물

위에서 설명한 흔들리는 포플러 숲과 같이 이미 존재하는 식물이나 진균류에서 새로운 성장을 거듭하는 복제 생물까지 포함한다면 가장 나이가 많은 생물은 수백만 살 일 것이다.

무성 생식하는 아메바나 식물과 같은 여러 종류의 복제 생물과 고대 무덤에서 나온 휴면 상태의 포자를 고려하지 않는다면 가장 나이가 많은 생물은 므두셀라^{Methuselah}로 4,767살이다. 이 생물은 고대 브리스틀콘^{bristlecone} 소나무$^{\text{Pinus longaeva \& aristata}}$인데, 이제껏 발견된 다른 오래된 나무들에 비해 천 년이나 나이가 더 많다. 파괴자들과 전리품을 쫓는 자들로부터 이 생물을 보호하기 위해 비록 그 정확한 위치는 비밀로 지켜지고 있지만 므두셀라는 캘리포니아 화이트 마운틴에 남아 있다.

가장 희귀한 생물

쓸쓸한 조지$^{\text{Lonesome George}}$. 유일하게 살아남은 아빙돈 아일랜드$^{\text{Abingdon Island}}$ 코끼리 거북이다.

기록을 깨뜨린 식물들

현존하는 가장 큰 나무 : 제너럴 셔먼$^{\text{General Sherman}}$. 캘리포니아 주 세쿼이아^{sequoia} 국립공원에서 자라고 있는 자이언트 세쿼이아 $^{\text{Sequoiadendron giganteum}}$로 키가 83.32m이다.

역사상 가장 큰 나무 : 캘리포니아 연안에 있는 아메리카 삼나무 $^{\text{Sequoia sempervirens}}$, 린지 크릭 트리$^{\text{the Lindsey Creek}}$. 나무 몸통의 크기가 2,549m³이며 3,300,000kg의 무게를 갖고 있었다. 1905년 폭풍으로 쓰러졌다.

역사상 가장 큰 나무 둘레 : 1780년 이탈리아 시실리 에트나 산에 있었던 백 마리 말들의 나무라 불린 유럽 산 밤나무$^{\text{Castanea sativa}}$로 그 둘레가 57.9m이었다. 지금은 세 부분으로 쪼개져있다.

가장 긴 뿌리 : 남아프리카공화국 트란스발 주^{Transvaal} 오리기스타

드^{Ohrigstad} 근처 에코 동굴에 있는 야생 무화과나무$^{Genus\ Ficus}$로 뿌리가 땅 속 120m까지 뻗어있다. 겨울 호밀인 시케일 시리얼$^{Secale\ cereals}$은 0.05m³의 토양 안에서 623km에 이르는 뿌리를 만들어 낼 수 있다.

가장 큰 씨앗 : 자이언트 부채 잎 야자수$^{Lodoicea\ maldivica}$의 열매인 더블 코코넛 또는 코코 드 메르$^{coco\ de\ mer}$는 무게가 20kg에 이르고 세계에서 가장 큰 세포를 지니고 있다.

가장 큰 잎 : 인도양 마스카린 제도$^{Mascarene\ Islands}$의 라피아 야자$^{Raphia\ farinifera}$와 남아메리카와 아프리카의 아마존 대나무 야자$^{Raphia\ taedigera}$의 잎은 20m까지 자란다. 하지만 이 잎들은 엽상체나 얇은 가닥으로 나누어진다. 말레이시아 사바 주에 있는 알로카시아 마크로리자$^{Alocasia\ macrorrhiza}$의 잎은 분리되지 않은 가장 큰 잎을 가지고 있으며 수련과 닮은 수생 식물이다. 1966년에 발견된 한 표본은 길이가 3m, 폭 1,92m, 표면적이 3.17m²에 달했다.

가장 빨리 자라는 식물 : 대나무는 시속 0.00003km의 속도로 하루에 91cm까지 자랄 수 있다. 가장 빠르게 자라는 나무보다 대나무의 성장속도는 1/3배 더 빠르다.

가장 큰 꽃 : 주황, 갈색, 하얀색의 기생식물 라플레시아 아놀디$^{Rafflesia\ arnoldi}$는 폭이 91cm, 무게가 11kg에 달하는 꽃을 가지고 있다.

가장 큰 산림 : 러시아 북부 침엽수림지대인 타이가^{Taiga}의 총 면적은 11억 헥타르에 달한다.

기록을 깨뜨린 동물들

가장 큰 거미 : 새를 먹는 거미 골리앗$^{Theraphosa\ blondi}$. 1998년 스코틀

랜드에서 사육된 두 살 된 수컷 표본은 그 다리의 길이가 28cm로 접시 크기 만 했고 무게는 170g이었다.

가장 큰 양서류 : 중국 자이언트 도롱뇽$^{Andrias\ davidianus}$. 허난$^{Hunan\ Province}$에서 길이 1.8m의 표본이 잡혔다.

가장 큰 악어 : 강어귀 또는 바다 악어$^{Crocodylus\ porosus}$. 인도 오리사 주내 비타르카니카^{Bhitarkanika} 야생동물 보호구역에 있다. 표본의 길이는 7m가 넘는다. 하지만 10m가 넘는 야생 악어가 보고된 바 있다.

가장 긴 뱀 : 그물비단구렁이$^{Python\ reticulates}$. 1912년 인도네시아 셀레베스^{Celebes}에서 총에 맞은 표본은 그 길이가 10m에 달했다.

가장 큰 물고기 : 고래상어$^{Rhincodon\ typus}$. 가장 크다고 기록된 표본의 길이는 12.65m였다.

살아있는 가장 큰 새 : 타조. 키는 2.7m에 이르고 무게는 156.5kg이다.

가장 큰 날개 길이 : 방랑하는 수컷 신천옹$^{Diomedea\ exulans}$. 한 쪽 날개 끝에서 다른 쪽 날개 끝까지의 길이가 3.63m이다.

역사상 가장 컸던 나는 생물 : 익룡$^{Quetzalcoatlus\ northropi}$은 날개 길이가 11~12m에 달했다. 7,000만 년 전에 멸종되었다.

가장 큰 육지 포유류 : 수컷 아프리카 덤불 코끼리$^{Loxodonta\ Africana}$. 기록된 가장 큰 표본은 1974년 11월 7일 앙골라 무쿠쏘^{Mucusso}에서 총에 맞았는데 선 채로의 키가 약 3.96m였으며 무게는 12,200kg이 넘었다.

가장 키가 큰 포유류 : 기린$^{Giraffa\ camelopardalis}$. 역사상 가장 키가 큰 표본은 영국 체스터^{Chester} 동물원의 '조지' ^{George}로 그 길이가 5.8m에 달했다.

가장 큰 포유류 : 흰긴수염고래$^{Balaenoptera\ musculus}$는 35m까지 자라고 무게는 13만 2,000kg에 달할 수 있다. 현존하는 가장 큰 동물이다.

가장 시끄러운 동물 : 흰긴수염고래는 제트 엔진보다 더 큰 저주파 음을 내는데 188데시벨에 이른다.

가장 나이가 많은 동물 : 투이마릴라$^{Tui\ Malila}$로 불린 마다가스카르 방사거북$^{Astrochelys\ radiate}$의 나이는 최소 188살이었다. 그것은 1770년대에 탐험가였던 쿡 선장에게 건네진 후 1965년에 죽었다.

속력 기록

새 : 송골매$^{Falco\ peregrines}$의 급강하 속력은 시속 350km에 달한다.

물고기 : 전 세계에 분포하는 돛새치$^{Istiophorus\ platypterus}$는 시속 109km의 속력까지 도달한다고 기록된 바 있다.

포유류 : 치타$^{Acinonyx\ jubatus}$는 짧은 시간에 시속 97km로 달릴 수 있다. 가지뿔영양이나 미국산 영양$^{Antilocapra\ Americana}$은 시속 88.5km

가장 높이 나는 새
1973년 11월 29일 코트디부아르$^{Cote\ d'\ Ivoire}$ 아비장^{Abidjan}. 상공 11,300m 높이에서 루펠 대머리수리$^{Gyps\ rueppellii}$가 민간 항공기와 충돌했다.

를 유지하며 0.8km를 달릴 수 있다.

육지 새 : 타조$^{Struthio\ camelus}$는 시속 72km까지 전력 질주할 수 있다.

가장 느린 포유류 : 남아메리카의 세 발가락 나무늘보$^{Bradypus\ tridactylus}$의 평균 대지속도는 시속 0.16km이다.

위험한 동물들

가장 많은 사람을 죽인 '동물'은 말라리아 기생충인 말라리아 원충일 것이다. 석기시대 이후 전체 자연사의 절반은 바로 이 말라리아 원충 때문이었다. 질병 유기체를 제외하면 아마도 집파리와 모기가 가장 위험한 동물일 것이다. 이들은 이질과 말라리아와 같은 질병을 퍼뜨린다. 마지막으로 인간에게 위험한 동물은 바로 인간자신이다.

작지만 가장 위험한 동물들

꿀벌과 말벌 : 알러지 반응인 과민증(또는 아나필랙시스^{Anaphylaxis})으로 인하여 다른 어떤 작은 생물보다 더 많은 사람들을 죽인다. 서식지 : 전 세계

호주산 바다 말벌 또는 박스 해파리$^{Chironex\ fleckeri}$: 세계에서 가장 독성이 강한 생물이다. 한 마리당 4분 안에 60명의 인간을 죽일

수 있는 충분한 양의 독을 가지고 있다.

쑤기미$^{Synanceja\ horrida}$: 세계에서 가장 많은 독액을 분비하는 물고기로 인도양, 서태평양 해역에서 발견된다. 등에 13개나 되는 가시 모양의 돌기를 가지고 있는데 이를 밟을 경우 이 돌기를 통해 독이 주입된다. 6시간 이내에 사망한다.

시드니 깔때기 그물 타란툴라거미$^{Atrax\ robustus}$: 아프리카 남부의 시카리우스^{Sicarius} 거미만큼 치명적인 독을 가지고 있지는 않지만 훨씬 더 흔하고 공격적이다.

크고 가장 위험한 동물들

곤충과 뱀과 같은 작은 동물들에 의해 대부분의 사람들이 죽지만 1대 1로 맞닥뜨린 경우 가장 위험한 것은 큰 동물들이다. 세계에서 가장 위험한 큰 3대 동물은 다음과 같다.

물소 : 아프리카물소 또는 케이프^{Cape} 물소는 공격적이며 굉장히 힘이 세고 매우 빠르다. 아프리카에서 발생하는 수백 명의 사망 원인이 이들 물소라고 추정되기는 하나 그 지역에 보관된 기록이 거의 없기 때문에 정확한 수치를 얻기는 어렵다.

크로코다일^{Crocodiles}과 엘리게이터^{Alligators} : 비록 바다 또는 강어귀에 사는 악어가 크고 공격적이기는 해도 일반적으로 이들에게 목숨을 잃는 경우는 일 년에 단 한 건에 지나지 않는다. 반면 나일악어로 인한 사망자수는 일 년에 백 명이 넘는다.

북극곰 : 세계에서 가장 큰 육지 포식자인 북극곰은 특히나 위험한데 적극적으로 인간사냥에 나서기 때문이다.

인체
THE HUMAN BODY

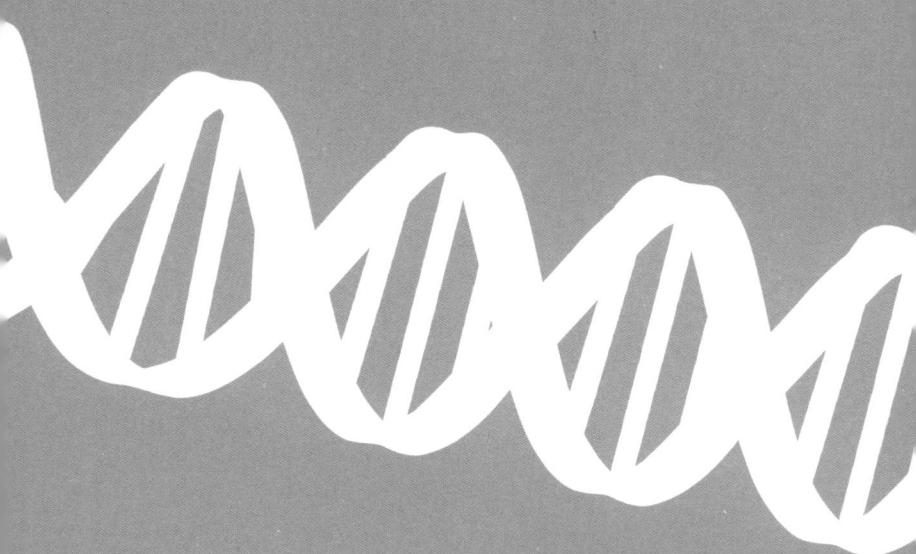

놀라운 인체

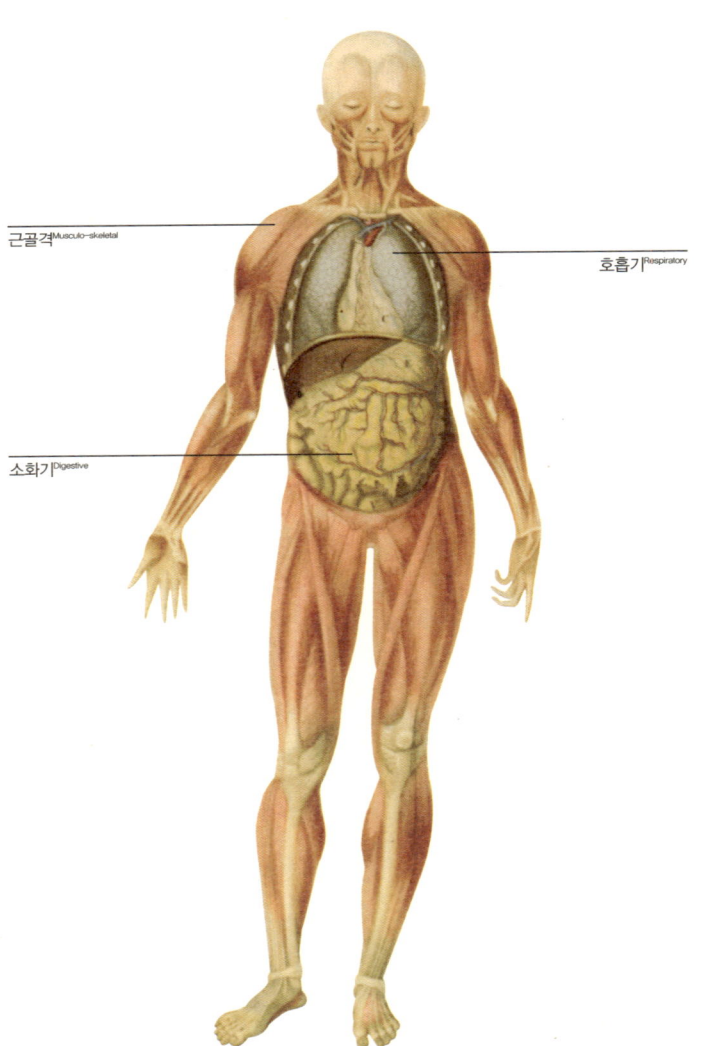

인체 내부에는 아홉 개의 주요 기관이 있다.

소화기관 Digestive

음식물을 배출하고 영양분을 흡수하는 과정. 중요한 영양분을 생성하는 공생 박테리아의 주거지. 독소와 배설물의 처리 과정. 주요구성요소 : 소화관, 위, 간, 췌장, 쓸개, 치아, 혀.

소화관의 길이 : 8m
위산은 식초보다 산성 물질이 1,600배 더 많다.
장 속에 있는 박테리아의 수 : 750조
몸 안에 있는 세포 수 : 75조
평균수명 동안 먹고 마시는 데 드는 시간 : 5년
한 끼 식사가 입에서 직장으로 이동하는데 걸리는 평균 시간 : 14~24시간

근골격계 Musculo-skeletal

신체를 지탱하고 움직이게 한다. 내부 기관들을 보호한다.
주요구성요소 : 뼈, 근육, 관절, 힘줄, 인대, 연골.

- 인간의 뼈는 철만큼이나 강하지만 세 배 더 가볍다.
- 체열의 85%는 근육 위축으로 만들어진다.
- 씹는 데 사용되는 턱 관절은 몸 전체의 무게를 지탱할 수 있을 만큼 강하다.
- 성인 골격의 10~30%는 매해 보충된다.
- 2년 전의 당신과 현재의 당신은 완전히 다르다. 몸 안에 있는 거의 모든 세포들은 죽고 새 것으로 교체된다.

신경계^{Nervous}

전기화학적 경로를 이용하여 신체의 다른 기관들을 관리하고 조정한다. 반응을 계획하고 실행한다. 의식, 충동, 감정의 중심지이다.

주요구성요소 : 뇌, 감각 기관, 척추, 신경.

호흡기^{Respiratory}

혈액에 산소를 공급하고 부산물인 이산화탄소를 배출한다. 체온과 수분 조절을 돕는다. 음성, 말, 후각에 중요하다.

주요구성요소 : 폐, 기관, 기관지, 성대, 공동^{sinuses}, 코.

심장 혈관^{Cardiovascular}

신체에 혈액을 공급하고 조직에 산소를 운반하며 노폐물을 제거하여 상처의 치료를 돕는다.

주요구성요소 : 심장, 동맥, 정맥과 모세 혈관, 혈액, 골수.

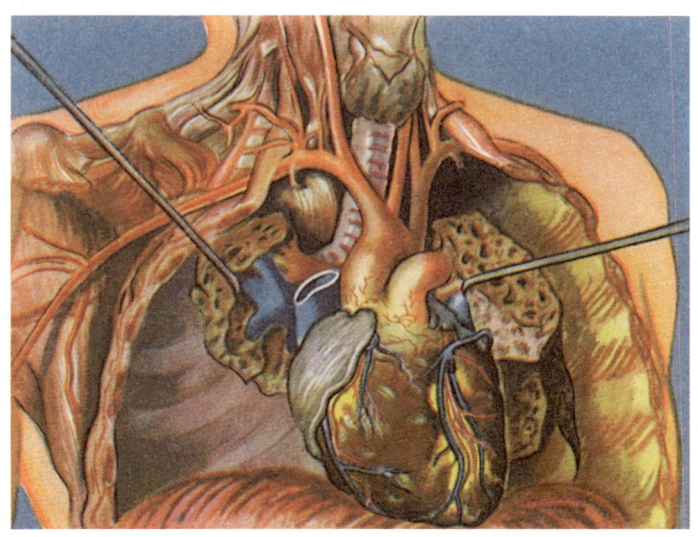

면역 임파선$^{\text{Immuno-lymphatic}}$

건강에 해를 입히는 위험요소로부터 몸을 보호한다. 노폐물의 배출을 돕고 조직 내 체액 균형을 유지시킨다.

주요구성요소 : 림프관과 림프절, 혈액, 비장, 흉선, 피부 내 면역 세포.

- 순환계를 통해 흐르는 혈액의 양은 남자의 경우 5~6리터, 여자의 경우 4~5리터이다.
- 혈액 한 방울에는 2억 5,000만 개가 넘는 세포가 들어있다.
- 평균 성인의 전체 적혈구의 총 표면적은 약 3,800m^2로 테니스 코트 네 개의 넓이와 같다.
- 표준 적혈구는 120일 동안만 살 수 있는데 그 시간 동안 신체를 빙글빙글 돌아 483km를 이동한다.

내분비계^{Endocrine}

호르몬 억제와 조절 담당기관. 성장주기를 감독한다. 감정과 감각을 조절한다. 소화, 생식, 면역 기능, 젖 생산, 체온 조절에 영향을 미친다.

주요구성요소 : 시상하부, 뇌하수체, 흉선, 췌장, 간, 부신, 유방, 성기, 땀샘.

비뇨기^{Urinary}

노폐물 배출, 체액의 균형 유지.

주요구성요소 : 신장, 방광, 요도.

- 신장은 하루에 약 1리터의 소변을 만들어내기 위해 약 180리터의 체액을 처리한다.

- 신장은 매일 자신의 600배에 달하는 체액을 처리한다.
- 전형적인 적혈구는 하루에 360번 신장 곳곳을 이동한다.
- 신체에 공급되는 전체 혈액은 대략 4분마다 한 번씩 신장을 통과한다.
- 약 30%의 사람들은 신장에 혈액을 공급하는 임시 동맥으로 보조 신장 동맥을 가지고 있다.
- 정상인의 방광이 320ml 이상의 소변을 수용하는 경우는 드물다. 보통 280ml 기준에 오르면 소변을 보고 싶은 충동을 느낀다. 500ml가 넘으면 고통을 일으키고 즉시 소변을 보고 싶은 강한 충동을 느낀다.
- 변의 색은 우로크롬이라고 불리는 질소가 함유된 색소로 결정된다.

생식기 Reproductive

생식체를 생산하고 낳는다. 태아의 주거지이며 영양분을 공급한다.

주요구성요소 : 고환/난소, 음경/질, 자궁/전립선, 생식관.

- 여태아는 최초의 난소에 700만 개의 난자를 가지고 있다. 여태아가 태어나 사춘기에 도달할 때쯤 이들 난자 중 거의 40만 개의 난자가 죽는다.
- 일회의 사정액 안에는 2억 개의 정자가 들어있으며 이 수는 영국, 프랑스, 독일의 총 인구와도 비슷하다.(2004년 기준 : 역주)
- 음경을 떠난 인간의 정자는 1초에 자신의 길이의 8,000배에 달하는 거리를 이동한다. 이것은 인간이 시속 55,000km로 수영하는 것과 같은 빠르기이다.

- 신체 크기와 비교했을 때 인간의 음경은 다른 어떤 영장류보다 훨씬 길다.

DNA와 인간 게놈 DNA and the Human Genome

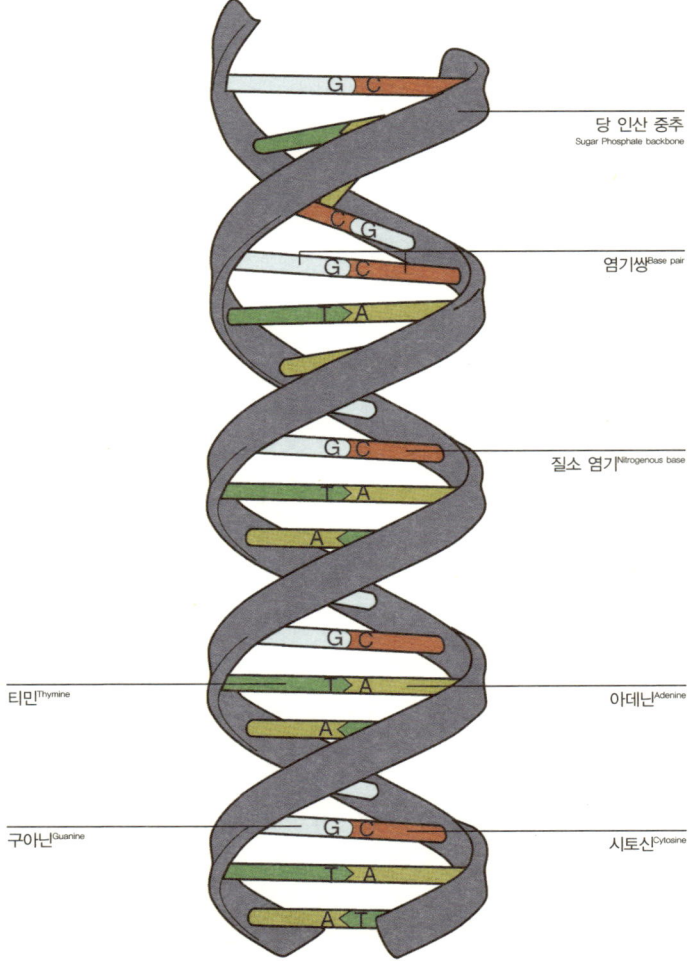

DNA의 구조

디옥시리보 핵산 즉 DNA는 중앙에서 연결되는 두 개의 가닥으로 만들어진 사다리 같은 구조로 되어있다. 이 사다리의 양편은 일련의 당과 인산염 분자로 이루어진다. 사다리의 가로대는 '염기'라 불리는 여러 쌍의 혼합물로 이루어지는데 이는 두 개는 작고 두 개는 큰 네 개의 변종으로 나타난다. 두 개의 커다란 염기는 A(아데닌)와 G(구아닌)이고 두 개의 작은 염기는 C(시토신)와 T(티민)이다. 염기의 형태는 항상 같은 방식으로 결합하기 위해 상호 보완적이다. 그러므로 A는 T와 꼭 들어맞고 G는 C와 꼭 들어맞는다.

DNA 치수

DNA 분자의 넓이 : 1cm의 2천억 분의 1

단일 세포 내 DNA의 전체 길이 : 0.91m

우리 몸 안에 있는 DNA가 태양까지 갔다 지구로 돌아온다고 했을 때 그 왕복 횟수는 : 600번 이상

게놈을 비교한다

게놈은 유기체의 유전자 청사진을 구성하는 모든 유전정보를 말한다. 점점 더 많은 유기체들의 게놈을 연구하면서 유전학자들은 다양한 생물의 상대적인 크기와 복잡성에 관해 또 얼마나 많은 인간의 유전자가 다른 생물에 존재하는지 등에 관한 놀라운 사실들을 발견했다.

인간 게놈 내 유전자의 수 : 32,000

과일파리 게놈 내 유전자의 수 : 13,600

인간 게놈과 다른 생물 게놈 간의 유사율
  인간과 개 : 85%.
  인간과 침팬지 : 98%(침팬지와 고릴라간의 유사율보다 더 높다)
인간 게놈의 길이 : 30억 염기쌍
도롱뇽 게놈의 길이 : 600억 염기쌍
들백합 게놈의 길이 : 1천억 염기쌍
알려진 인간 질병 유전자 수 : 289
들백합 게놈과 쌍을 이루는 유전자를 갖고 있는 인간 질병 유전자
  의 수 : 177

인간 게놈 프로젝트

인간 게놈 프로젝트는 인간 게놈 DNA의 부차적 단위인 염기 30억 개를 모두 측정하고 인간 유전자의 전부를 밝히며 이를 생물학 연구에 이용할 수 있도록 하기 위해 수립된 국제적 공동연구였다. 일부 다른 유기체의 게놈은 비교 목적으로 정리되었다.

복제 Cloning

복제생물이란 다른 유기체와 유전적으로 동일한 유기체를 말한다. 유전학적인 쌍둥이는 자연적 복제로써 이는 딸기 식물 덩굴이 또 다른 덩굴을 통하여 증식하는 것과 같다. 현재 과학실험에서 복제라 함은 인위적인 방법을 사용하여 대부분 동물의 복제생물을 만들어 내기 위한 과정을 의미한다.

복제의 시간의 척도

100년도 더 되는 시험적인 초기 단계에서부터 20세기의 주요한 발전에 이르는 복제 이정표를 목록화하면 아래와 같다.

연도	이정표	무엇이 새롭게 만들어졌는가?
1891	최초의 인위적인 동물 복제	성게-이탈리아 나폴리의 한스 드리슈에 Hans Driesch
1902	최초의 인위적인 척추동물 복제	도롱뇽-독일 뷔르츠부르크의 한스 슈페만 Hans Spemann
1951	핵 이동을 이용한 최초의 복제	개구리-미국 필라델피아의 로버트 브릭스 Robert Briggs 팀
1993	최초의 인간 태아 복제	미국 워싱턴 DC, 조지 워싱턴 대학
1996	최초의 성인 세포 복제	복제양 돌리 Dolly-영국 스코틀랜드, 로슬린 연구소 Roslin Institute
2001	최초의 애완동물 복제	고양이 태비 Tabby-미국 지네틱 새이빙스 앤 클론 사 Genetics Savings and Clone

성인 신체 내의 뼈

전체 뼈의 수 : 신생아들은 300개가 넘는 뼈를 가지고 있지만 후에 많은 수의 뼈가 합쳐진다. 평균 성인은 정확히 206개의 뼈를 갖고 있다.

가장 긴 뼈 : 대퇴골(신장 전체의 4분의 1)

가장 짧은 뼈 : 등골(내이에 있는 등자 뼈), 0.25cm

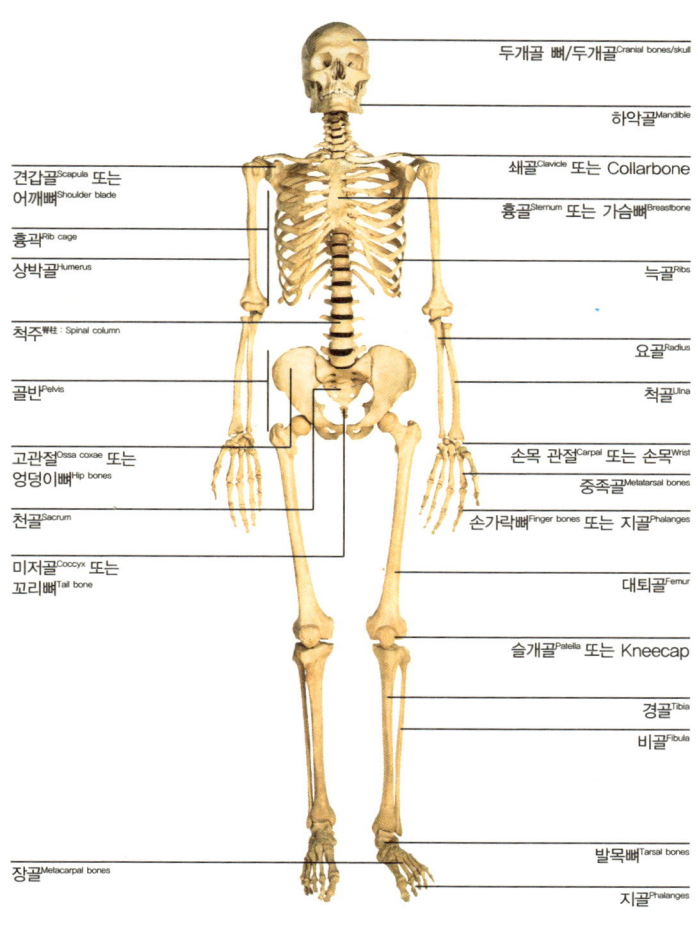

인간의 뇌 The Human Brain

인간의 뇌는 크게 네 부분으로 이루어져 있다. 수질, 중뇌, 망상구조를 포함하는 뇌간, 소뇌, 변연계, 대뇌가 그것이다. 이중 변연계는 시상, 시상하부, 유두체, 후엽, 해마, 편도, 뇌궁과 투명 중벽으로 또 대뇌는 대뇌 반구와 엽으로 다시 나뉜다.

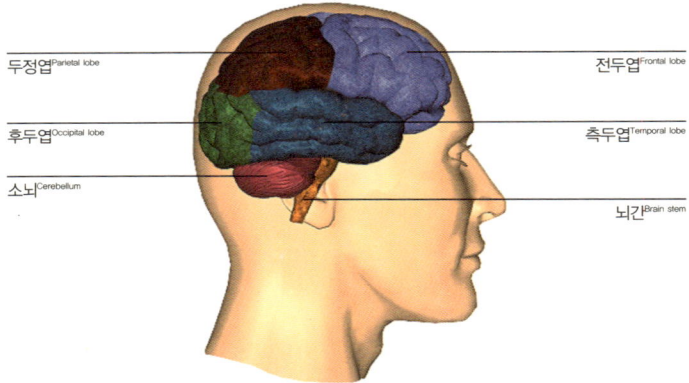

엽	주요 관련 부분	엽	주요 관련 부분
후두부	시력	체벽	감각
측두	후각, 청각, 언어	전두골	운동, 계획, 사고력

뇌에 관한 통계 자료 – 이 수치는 '평균적인' 뇌에 대한 것이다.

너비 : 140mm

길이 : 167mm

높이 : 93mm

인간의 뇌 무게 : 1.3kg

코끼리의 뇌 무게 : 6kg

고양이의 뇌 무게 : 30g

인간의 대뇌피질의 총면적 : ~2,500cm²

인간 뇌의 뉴런(신경 세포) 수 : 천억 개

뉴런 간 연결 수 : 100조(아마존 열대 우림 지대에 있는 나뭇잎 수보다 더 많다).

평균 성인의 뇌 세포 손실 율 : 하루에 10만 개

살면서 잃는 뇌의 비율 : 7%

신경충동의 최고 이동 속도 : 시속 435km

이론적으로 인간의 뇌는 우주에 있는 원자의 수보다 더 많은 기억을 저장할 수 있는 능력을 가지고 있다.

육체적 어려움을 극복하는 강한 정신력

사두스saddhus로 알려진 힌두교 성자들은 의식적으로 심박수를 분당 두 번으로 늦출 수 있다. 그들은 또 최대 6분까지 물속에서 있을 수 있다.

일부 티베트 승려들은 투모Tumo라고 알려진 기술을 연습한다. 그들은 손가락과 발가락의 체온을 8°C까지 올리는 것을 배우는데 이는 절대적인 노력에 의한 결과이다.

잠을 자지 않고 보낸 최장 세계기록은 264시간(11일)으로 1965년 랜디 가드너Randy Gardner가 수립했다.

IQ 등급

등급	수준	등급	수준
130+	매우 우수	69이하	정신 지체
120-129	우수	55-69	가벼운 정신 지체
110-119	평균치보다 높음	40-54	중간 정도의 지체
90-109	평균치	25-39	심한 지체
80-89	평균치보다 낮음	-25	깊은 지체
70-79	정신 지체 경계		

뛰어난 감각 Super Senses

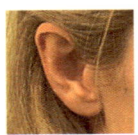

청각 Hearing

인간의 청각 범위 : 20~20,000Hz

비둘기의 청각 최소 범위 : 0.1Hz

쥐의 청각 범위 : 1,000~100,000Hz

밤나방의 청각 범위 : 1,000~240,000Hz

박쥐의 청각 상한선 : 250,000Hz

박쥐의 청각의 최대 해상력(반향 정위^{定位}. 박쥐 등이 발사한 초음파의 반향으로 물체의 존재를 측정하는 능력 : 역주) : 0.25mm(인간의 머리카락 한 개의 넓이).

소음에 대한 고통 분계점 : 130dB

소음에 대한 손상 분계점 : 90dB

밤에 조용한 방에서의 소음 수준 : 20dB

보통의 대화에서 소음 수준 : 60dB

시끄러운 술집이나 식당의 소음 수준 : 90dB

전형적인 거리 공사의 소음 수준 : 110dB

미각 Taste

주요 미각 기능 : 짠맛, 단맛, 신맛, 쓴맛.

인간의 미뢰 수(혀, 구개, 뺨 포함) : 10,000개, 인간의 혀는 9리터의 물속에 든 1티스푼의 설탕도 맛볼 수 있다.

돼지 혀의 미뢰 수 : 15,000

토끼 혀의 미뢰 수 : 17,000

메기 혀의 미뢰 수 : 100,000

상어가 감지할 수 있는 물고기 추출물의 농도 : 100억 분의 1

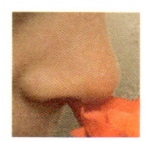

후각 Smell

인간의 후각 수용 세포 수 : 4,000만

평균적인 사람이 인지할 수 있는 개별적인 냄새 수 : 10,000

단 한 마리의 암컷 봄베이 나방에게 유인될 수 있는 수컷의 수 : 100만조

누에나방이 또 다른 나방을 감지할 수 있는 거리 : 11km

누에나방이 감지할 수 있는 페로몬 농도 : 1,017개의 공기분자 당 페로몬 1분자

블러드하운드가 추적할 수 있는 냄새 자취의 기간 : 4일. 블러드하운드의 코 속에 있는 냄새를 감지하는 세포막은 인간의 것 보다 50배 더 크고 100배 더 예민하다.

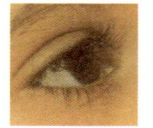

시력 Vision

인간 망막 내 광수용기 수 : 1억 500만

인간 망막 내 광수용기의 최대 밀도 : 제곱미리미터 마다 200,000

밝은 빛 속에서 깜빡임 횟수(최대 구별 가능한 프레임의 수) : 60/sec

어스레한 빛 속에서 깜빡임 횟수 : 24/sec

파리의 깜박임 횟수 : 300/sec

인간 시력의 최대 해상력 : 100미크론

노랑나비의 최대 해상력 : 30미크론

가공의 (즉, 어두운) 상황에서 인간의 눈이 감지할 수 있는 촛불 한 개의 거리 : 48km

매가 10cm 크기의 물체를 볼 수 있는 거리 : 1.5km

대머리수리가 쥐를 분간할 수 있는 높이 : 4,600m

가시 스펙트럼 : 370~730나노미터(10억분의 1미터 : 역주)

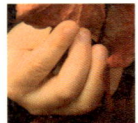

촉각 Touch

인간의 손에 있는 촉각 수용기의 수 : 17,000. 별코두더지는 코 속에 인간의 손보다 6배 더 많은 촉각 수용기를 가지고 있다.

벌의 날개가 떨어졌을 때 인간의 얼굴에 영향을 줄 수 있는 높이 : 1cm

인간의 피부는 1°C의 온도 변화도 감지할 수 있다.

세계 사망률의 주원인

원인	총 사망자 수 (천)	전체 백분율
심장마비(혈관 수축에 의한 심장 질환)	7,181	12.7
뇌졸증(뇌혈관 질환)	5,454	9.6
아래쪽 호흡기 감염	3,871	6.8
인체면역결핍바이러스/에이즈	2,866	5.1
만성폐쇄성 폐질환	2,672	4.7
설사질환	2,001	3.5
결핵	1,644	2.9
유년질환	1,318	2.3
기관/기관지/폐 관련 암	1,213	2.1
도로교통사고	1,194	2.1
말라리아	1,124	2.0
고혈압(고혈압을 일으키는 심장 질환)	874	1.5
기타 사고로 인한 상해	874	1.5

원인	총 사망자 수 (천)	전체 백분율
위암	850	1.5
자살	849	1.5
간경변	796	1.4
홍역	745	1.3
신장질환(신염/ 신장증)	625	1.1
간암	616	1.1
대장/직장암	615	1.1

인간의 업적
HUMAN ENDEAVOR

공학 분야의 위대한 업적

아래 표는 20세기 가장 위대한 20개의 공학 분야의 업적을 나타내고 있다. 이것은 미국 공학한림원US National Academy of Engineering이 실시한 60개 공학회의 투표에 의한 결과이다.

순위	업적	순위	업적
1	전화Stk	11	고속도로
2	자동차	12	우주선
3	항공기	13	인터넷
4	상수도와 분배	14	화상진찰
5	전자	15	가전제품
6	라디오와 TV	16	건강 과학기술
7	농업의 기계화	17	석유와 석유화학 과학기술
8	컴퓨터	18	레이저와 섬유 렌즈
9	전화기	19	원자력기술
10	공기조절 장치와 냉장	20	고성능물질

가장 위대한 세계의 댐들

기본적인 댐 유형에는 중력댐과 아치형 댐이 있다. 중력댐은 댐에 물을 보유하기 위해 물질의 절대적인 힘을 이용한다. 반면 아치형 댐은 수압의 방향을 계곡 쪽으로 바꾸기 위해 호 형태를 이용한다.

전 세계적으로 4만 개 이상의 큰 댐들(높이 15m가 넘는 것들로 정의됨)과 80만 개의 작은 댐들이 있다. 이 댐들은 세계 전기 생산량의 19%를 차지하고 세계 식량 공급량의 16%에 물을 대준다.

중국 삼협댐 Three Gorges Dam

4,000만~8,000만 명의 사람들이 자신들의 집을 떠나야 했지만 완성이 된다면 세계에서 가장 큰 댐이 될 것이다. 최종적인 물 저장소는 슈피리어 호보다 더 클 것이다.

완성 : 2009년 예정
폭 : 1.61km
높이 : 182m
저수 용량 : 390억 입방미터
발전 용량 : 18,000메가와트(MW)

브라질/파라과이 이따이푸댐 Itaipú Dam

현재 세계에서 가장 강력한 댐으로 12,700메가와트의 전기를 발전시키고 있다.

완성 : 1991년
저수 용량 : 2,890억 입방미터
발전 용량 : 12,600메가와트

세계에서 가장 긴 다리

지중해 시실리 섬과 이탈리아 본토 사이에 있는 메시나해협 Messina Straits을 가로지를 댐이 완성된다면 경간經間(교각橋脚 사이의 거리 : 역주)이 3,300m에 달할 것이다.

전체 길이가 가장 긴 다리 : 38.4km. 미국 루이지애나 주 멘더빌 Mandeville에서 메테리 Metairie에 걸쳐 있는 세컨드 레이트 폰차트레인 코스웨이^{Second Lake Pontchartrain Causeway}. 1969년 개설.
경간이 가장 긴 다리 : 1,991m. 일본 고베에서 나루토에 걸쳐 있는 아카시 카이교^{Akashi-Kaikyo} 다리. 1998년 개설.

Fact!
세계에서 가장 높은 댐 중 하나는 스위스에 있는 1965년에 완공된 베르차스카 댐^{Verzasca Dam}이다. 이곳은 또한 세계최고의 번지점프대이기도 하다. 1995년 제임스 본드 영화, 골든아이의 첫 장면에 나오는 점프가 이곳에서 촬영되었다.
스턴트맨 웨인 마이클은 이 댐의 정면에서 228.6m 아래로 뛰어내렸다. 이것은 고정된 물체에서 번지점프를 한 새로운 세계 기록이다. 스카이 영화 투표단^{Sky Movie Poll} 투표자들은 이 묘기를 벤허와 인디아나 존스의 고전을 앞서는 것으로 선택했다.

건물과 위치	높이 (m)	층	완공연도	건축가
인도 카탄지^{Katangi}, 인도 중앙타워	677	224	2008 (계획사업)	미확인 재단
홍콩, MTR 타워(구룡역)	574	102	2007(?)	스키드모어^{Skidmore}, 오윙즈^{Owings}, 메릴^{Merrill}
뉴욕시, 프리덤타워 (세계무역센터 대체)	541	?	?	다니엘 리베스킨드^{Daniel Libeskind}
중국, 상하이 국제 금융센터	460	95+	2004	콘 피더슨^{Kohn Pedersen}, 폭스 어소시에이츠^{Fox Associates}
말레이지아 쿠알라룸프, 페트로나스 타워^{Petronas Towers}	452	88	1998	씨저 펠리^{Cesar Pelli}
미국 시카고, 시어스 타워^{Cears Tower}	442	110	1974	브루스 그레이엄^{Bruce Graham}
상하이, 진마오 건물	441	88	1999	스키드모어^{Skidmore}, 오윙즈^{Owings}, 메릴^{Merrill}

세계에서 가장 높은 건물

이 탐나는 타이틀의 승자는 정의에 따라 달라질 수 있다. 세계에서 가장 높은 건물은 현재 토론토에 있는 CN타워로 높이가 553m에 이른다. 하지만 이 타워는 먼저 인간의 거주지라는 표준적인 건물의 정의를 만족시키지 못한다. 만약 이 정의를 만족시킨다면 중앙 출입구가 있는 1층에서부터 그 건물의 구조상 꼭대기가 그 건물의 높이로 측정된다. 첨탑은 포함되지만 텔레비전 안테나, 라디오 안테나 또는 깃대는 포함되지 않는다.

Fact!
엠파이어스테이트 빌딩의 계획 단계에서 완성까지 걸린 기간은 단 20개월이었다. 한때 이 대지에서 3,500명의 근로자들이 일을 했고 하루에 한 층 꼴로 건물이 올라갔다.

과거와 현재의 기록 보유자

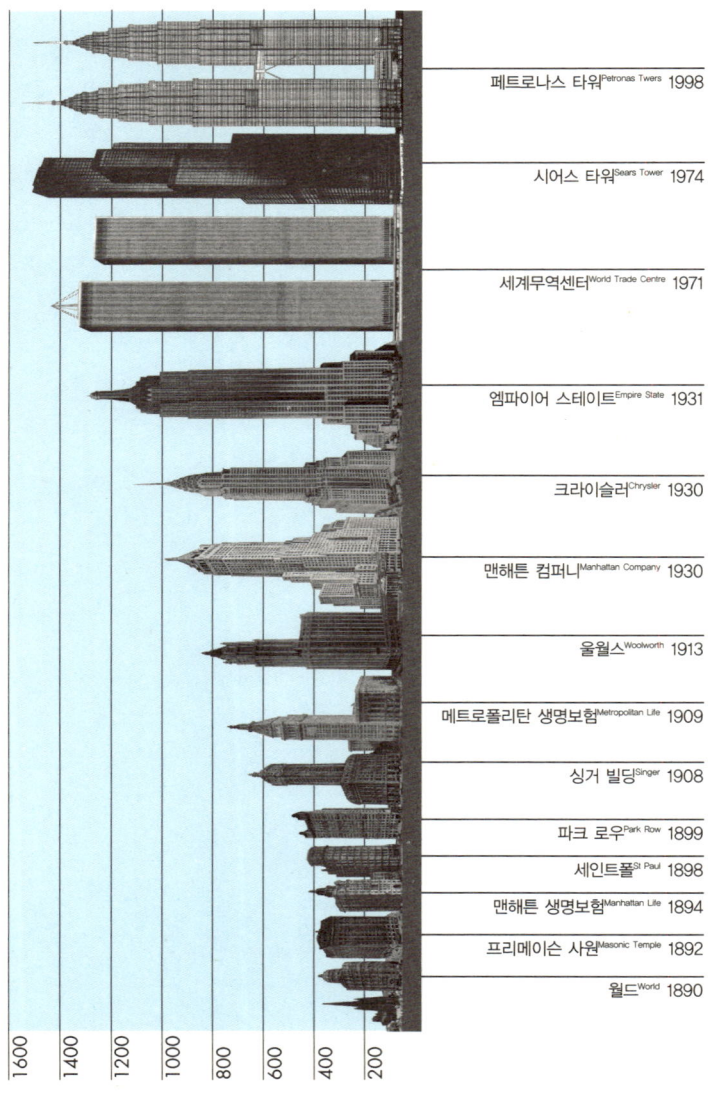

페트로나스 타워 Petronas Twers 1998
시어스 타워 Sears Tower 1974
세계무역센터 World Trade Centre 1971
엠파이어 스테이트 Empire State 1931
크라이슬러 Chrysler 1930
맨해튼 컴퍼니 Manhattan Company 1930
울웰스 Woolworth 1913
메트로폴리탄 생명보험 Metropolitan Life 1909
싱거 빌딩 Singer 1908
파크 로우 Park Row 1899
세인트폴 St Paul 1898
맨해튼 생명보험 Manhattan Life 1894
프리메이슨 사원 Masonic Temple 1892
월드 World 1890

문화적 시각표

아래 표는 기원전 3만 년에서 20세기에 걸친 문화사적으로 획기적 사건에 대한 부분적인 개관이다.

연도	시대	발달
BC 30000~BC 8000	선사시대	비너스 인물상(서력 30~15,000), 동굴회화 (서력 20~10,000) 남아있는 유물이 거의 없다.
BC 8000~BC 3000	계곡 문명	불후의 조각과 건축, 메소포타미아 문명의 벽화와 소벽 가장 초기의 기록된 음악, 글쓰기의 발명
BC 3000~BC 1500	나일 문명과 아시아 문명	불후의 조각과 건축(피라미드, 스핑크스), 이집트의 벽화와 소벽-하프와 플룻 역시 발전했다. 길가메쉬 서사시 Epic of Gilgamesh 인도의 베다 시대(종교적인 서사시 구성)
BC 1900~BC 1100	미노스 문명과 미케네 문명기 / 향 왕조	세련된 회화, 음악, 춤, 장인. 구약의 구성 중국 문학의 시작
BC 800~500	아르카이크기와 에트루리아기 주 왕조	아시리아 건축과 벽화, 호머풍의 서사시 흑화식 꽃병 / 도리스 양식 / 에트루리아 벽화와 청동제품 / 피타고라스가 옥타브 창안 중국 오경
BC 500~BC 300	고전주의(그리스문화) 시대	적화식 꽃병 / 고대 그리스의 대리석 조각 아크로폴리스, 파르테논 이오니아 양식 희극과 비극의 발달, 인도의 불교 예술과 문학 / 고전 중국 철학
BC 300~AD 150	헬레니즘과 그레코로만 시대 진나라와 한나라	알렉산드리아의 도서관 코린트 양식 올림피움 모자이크와 벽화 파르테논과 로마의 콜로세움 인도 2대 서사시의 하나인 마하바라다의 일부, 인도의 판크리스 Pankrits 중국 공자 명저
100~500	초기 그리스도교와 초기 비잔틴 켈틱 문화 힌두르네상스 중국의 분쟁 시기	장인의 솜씨와 보석 책 장식 비잔티움 내 회화와 벽화 찬송가와 교회 합창 음악 중국 도교와 불교 예술과 문학

연도	시대	발달
500~1000	암흑시대 비잔틴 이슬람교 수와 당나라	로마네스크 건축 책 장식 최초의 다음 음악 코란 구성 이슬람 건축(바위의 돔), 초기 무슬림 예술과 인도의 자국어 문학 중국 대중 문학 일본 나라 문학
1000~1400	중세시대 송 왕조 일본의 헤이안과 가마쿠라 시대 만딩고	고딕양식의 건축, 스테인드글라스 조토의 프레스코 페트라르카, 보카치오, 초서, 단테 서정시인의 음악, 발라드, 로망스 중국의 새로운 유교와 산문 유형 일본 겐지 전설과 가마쿠라 시 서아프리카 만딩고 문화의 절정
1400~1600	르네상스 인도의 무굴시대 일본 무로마치 시대 소니헤이와 베닌	구텐베르그 성경 세르반테스, 셰익스피어 미술에서 원근법 사용 다 빈치, 미켈란젤로, 뒤러, 라파엘로, 티티안[Titien](또는 티치아노 베첼리) 이탈리아 마니에리즘[Mannerism] 인도의 바키[Bhakti] 문학, 일본 노[Noh] 극장 서아프리카 소니헤이[Songhay]와 베닌문화가 절정에 달하다(청동작품)
1550~1700	바로크 중국의 청 왕조 일본 도쿠가와 시대	바로크 양식 카라바지오, 푸생, 대화가들, 야경(렘브란트) 몬테베르디, 비발디, 바흐, 헨델, 오페라와 발레의 시작, 연극에서 최초로 여성출연 베이징 오페라, 일본 가부키와 플로팅 월드 아트[Floating World arts]
1700~1800	로코코와 고전주의 인도의 식민 시대	신고전주의와 로코코 양식 / 소설의 탄생 볼테르, 루소, 고야, 하이든, 모차르트
1800~1850	낭만주의	카스파 다비트 프리드리히[Caspar David Friedrich] 바이런, 워즈워드, 셸리, 코울리지, 실러, 휴고, 베토벤, 쇼팽 사진의 발명 / 중국 문학 운동
1850~1900	후기낭만주의, 리얼리즘, 인상주의 일본 메이지 시대 아프리카 식민지 시대	고딕 건축의 부흥, 라파엘 전파주의자, 예술과 기능, 아르누보 반 고흐, 모네, 르느와르, 로댕, 세잔 리스트, 베르디, 바그너, 차이콥스키 위트먼, 에머슨, 도스도예프스키, 톨스토이, 디킨스, 콘라드 최초의 고급 양장점 / 영화의 탄생 고층건물의 탄생, 래그타임의 탄생 메이지 문학, 하이쿠 시

20세기 문화 시각표

연도	시대	발달
1900~1920	모더니즘, 표현주의, 큐비즘, 추상과 개념예술	아르데코, 야수파, 다다이즘 피카소(파랑, 장미, 입체파 시기), 마티스, 뒤샹, 칸딘스키, 조이스, 체홉, 블룸스버리그룹, 버지니아 울프 공상과학과 대중 소설 / 연기법, 리얼리즘 할리우드의 탄생, '대 열차강도' Great Train Robbery', DW 그리피스감독의 '국가의 탄생' Birth of a Nation, 채플린 드뷔시, 말러, 스트라빈스키의 '불새' Firebird 최초의 대중음악 차트 / 재즈의 발전 현대 춤 – 이사도라 던컨 Isadora Duncan, 디아길레브 Diaghilev / 코코 샤넬
1920~1930	초현실주의, 재즈 시대	초현실주의, 신조형주의, 바우하우스, 대초원 양식(프랭크 로이드 라이트) 달리 / 할렘 부흥 월트 디즈니, 아이젠스타인 Eisenstein의 '전함포템킨' Battleship Potemkin, 최초의 발성 영화 '재즈 가수' Jazz Singer / 최초의 민간방송국, TV 발명 우디 거스리, 루이 암스트롱, 젤리 롤 모턴 라벨 '볼레로' Bolero, 거슈윈의 '랩소디인블루' Rhapsody in Blue / 자유분방한 아가씨들
1930~1940	불황기	피카소(게르니카) / 까르띠에 브레송 할리우드의 전성기, '바람과 함께 사라지다' Gone with the Wind '오즈의 마법사' Wizard of Oz BBC 방송국 최초의 텔레비전 서비스, 웰즈의 '우주전쟁' War of the Worlds 종이표지 도입 / 스윙 음악, 듀크 엘링턴
1940~1950	전후 시기	건축의 국제적 양식 / 추상 표현주의, 헨리 무어 헤밍웨이의 '누구를 위하여 종은 울리나' For Whom the Bell Tolls 테네시 윌리암즈의 '욕망이라는 이름의 전차' A Streetcar Named Desire / 필름 누아르 웰즈의 '시민 케인' Citizen Kane, 이탈리아 신사실주의 / 최초의 TV 연속극 브리튼의 '피터 그림스' Peter Grimes, 로저와 해머스타인의 '오클라호마' Oklahoma! 디오르의 새로운 디자인
1950~1960	록앤롤 시기	행동 회화, 잭슨 폴락, 색채면이 강조된 회화, 로스코 / 성난 젊은 극작가들, 존 오스본, 킹슬리 에이미스 / 윌리암 골딩의 '파리대왕' Lord of the Flies / 플레이보이 잡지 록앤롤의 탄생, 엘비스 최초의 록 스타, 번스타인의 '웨스트사이드 스토리' West Side Story, 시나트라의 '컴 댄스 위드 미' Come Dance With Me TV의 인기 상승

연도	시대	발달
1960~1970	자유분방한 60년대	팝아트, 옵아트 워홀, 리첸스타인, 브리짓 라일리 '싸이코'^{Psycho}, '사운드 오브 뮤직'$^{Sound\ of\ Music}$ '미드나잇 카우보이'$^{Midnight\ Cowboy}$, 프랑스의 뉴 웨이브$^{New\ Wave}$ 세서미 스트릿 필립 로스 롤링 스톤 잡지 새로운 경향의 재즈(콜트레인), 비틀즈마니아, 우드스탁, 밥 딜란, 롤링스톤즈, 모즈^{mods} 피에르 가르댕 : 최초의 면허, 최초의 기성복 취급 콴트 : 미니스커트, 캘빈클라인, 랄프 로렌
1970~1980	포스트모더니즘 시기	포스트모더니즘 법인 모더니스트 건축 새로운 할리우드 시대 : 스콜세즈, 코폴라, 대히트작, 루카스의 '스타워즈'$^{Star\ Wars}$, 스필버그의 '죠스'^{Jaws} 메탈, 디스코, 레게, 펑크, 스카 클래쉬^{Clash}, 섹스 피스톨즈$^{Sex\ Pistols}$, 필립 글래스$^{Philip\ Glass}$ 아르마니, 웨스트우드
1980~1990	과잉의 시대	첨단 기술 건축 개념 예술 통합된 할리우드와 하이컨셉, 슈왈츠네거, 크루즈의 '탑건'$^{Top\ Gun}$ 살만 루시디$^{Salman\ Rushdie}$ 팝, 랩, 힙합, 액시드 하우스$^{acid\ house}$, 인디, 월드뮤직 마이클 잭슨의 '스릴러'^{Thriller}, 마돈나 MTV 캣츠^{Cats} 일본 패션(이쎄이 미야케, 겐조, 레이 카와쿠보), 카란(니트웨어) 베르사체
1990~2000	포스트 아이러니 시대	생물형태적 건축 : 브리타트^{Britart}, 데미안 허스트$^{Damien\ Hirst}$ 독립 영화, 타란티노의 '매트릭스'^{Matrix} ER, 프렌즈^{Friends}, 리얼리티 TV 그런지^{Grunge}, 뉴메탈$^{nu-metal}$ 갈리아노^{Galliano}, 맥퀸^{McQueen}
2000~현재	포스트 밀레니엄	인터넷과 웹 문화 유명인 마니아 - OJ 심슨 재판 오프라$^{Oprah's}$ 북 클럽, 해리 포터, 반지의 제왕 3부작 발리우드가 제작 수에서 할리우드를 따라잡다 새로운 이란 영화 무슬림 국가의 문화적 청교주의

고대 세계의 7대 불가사의

전통적으로 세계 7대 불가사의는 BC 5세기에 헤로도토스 Herodotus에 의해 묘사된 고전 문명의 경이로운 것을 의미한다. 이 목록은 헤로도토스 이후에 중세 작가들에 의해 사용되고 표준화되었다.

이름	축조 날짜	이들의 운명은?
기자 피라미드(이집트)	약 BC 2600~2500	7대 불가사의 중 가장 오래되었고 지금까지 유일하게 남아있다. 4천 년 동안 대 피라미드는 세계에서 가장 높은 건축물이었다.
바빌론의 공중 정원	BC 6세기	유프라테스 둑에 있는 테라스로 네부카드네자르 2세가 건설했다.
소아시아(지금의 터키) 에페소스에 있는 아르테미스 신전	BC 6세기	사냥과 달의 여신에게 경의를 표한 대리석 사원. BC 4세기 재건축되었으나 3세기에 고트 사람에게 파괴되었다. 단독 기둥이 다시 세워졌다.
올림피아의 제우스 상	BC 5세기	금과 상아로 두른 9m 높이의 나무로 된 그리스 제우스 신상. 아테네의 조각가 피디아스가 설계. 475년 화재로 파괴.
소아시아(지금의 터키 보드룸)의 할리카르나소스에 있는 마우솔로스 능묘	BC 4세기	그의 미망인이 건축. 15세기 전, 지진으로 파괴.
로도스 크로이소스 대 거상	BC 305~292	태양의 신 헬리오스의 32m 높이 청동상. 만들어진 지 100년이 되기도 전에 파괴, BC 224년에 지진으로 파괴.
알렉산드리아 파로스 등대	BC 270	이집트 알렉산드리아 항구 입구에 있는 세계에서 첫 번째로 유명한 등대. 122m. 15세기에 폐허가 되다.

Fact!
7대 불가사의에 관한 최초의 언급은 헤로도토스의 『역사』 History of Herodotus(BC 5세기)에 나와 있으며, 그 목록이 있다는 사실은 시레네의 칼리마쿠스 Callimachus of Cyrene(BC 305~240)와 알렉산드리아 대형 도서관의 1등 사서를 포함한 다른 그리스 작가들에 의해서 그 후에 언급되었다.

이 목록은 다른 문화나 다른 시대의 불가사의들 또는 고대 그리스와 로마의 작가들이 단순히 간과했던 고대 세계의 불가사의들을 인정하지 않는다. 좀 더 광범위한 관점에 근거할 때 다음의 유적들이 불가사의의 목록에 더해질 수 있을 것이다.

- 이집트, 아부심벨 신전^{Abu Simbel Temple}
- 캄보디아, 앙코르와트^{Angkor Wat}
- 멕시코, 테토치티틀란^{Tenochtitlan}(멕시코 시티)의 아즈텍 신전^{The Aztec Temple}
- 필리핀, 바나우 라이스 테라스^{The Banaue Rice Terraces}
- 인도네시아, 보로부두르 사원^{Borobudur Temple}
- 이탈리아, 로마 콜로세움^{The Coliseum}
- 중국, 만리장성^{The Great Wall}
- 페루, 마추픽추의 잉카도시^{The Inca city of Machu}
- 과테말라 북부, 티칼의 마얀 사원^{The Mayan Temples}
- 칠레, 라파누이(이스터 섬)에 있는 모아이 석상^{The Moai Statues}
- 이란, 페르세폴리스의 왕위 홀^{The Throne Hall}
- 그리스, 아테네의 파르테논^{Parthenon}
- 요르단, 암석으로 만들어진 도시 페트라^{Petra}
- 미얀마, 쉐다곤 파고다^{The Shwedagon Pagoda}
- 영국, 스톤헨지^{Stonehenge}
- 인도, 아그라에 있는 타지마할^{The Taj Mahal}
- 멕시코, 팔렝케에 있는 비문의 신전^{The Temple of the Inscriptions}

산업시대의 7대 불가사의

BBC 라디오는 산업시대의 7가지 위대한 공학적 업적으로 SS 그레이트 이스턴^{Great Eastern} 호, 대륙횡단 열차, 런던 하수 시설, 벨락 등대^{the Bell Rock Lighthouse}, 브룩클린 다리, 파나마 운하, 후버댐^{Hoover Dam}등을 꼽는다.

현대 세계의 7대 불가사의

미국 토목기사협회는 전대미문의 가장 위대한 토목공학 작품으로 엠파이어스테이트 빌딩, 이타이푸댐^{Itaipú Dam}(브라질/파라과이), CN타워, 파나마 운하, 영불해협터널, 북해 보호 건조물(네덜란드 조이데르 해 댐과 해일 방벽), 금문교^{Golden Gate Bridge}를 꼽는다.

위대한 발명

아래 표에 기입된 발명은 사회와 과학에 끼친 영향의 중요성에 따라 선별되었으나 안전핀은 이 기준에 따르지 않고 예외로 표에 첨가했다.

무엇을	언제	어디서	누가
청동	약 BC 3500	중동, 비옥한 초승달 지대	수메르 사람
수레바퀴	약 BC 3500	비옥한 초승달 지대	수메르 사람
글쓰기	약 BC 3000	비옥한 초승달 지대	수메르 사람
주판	약 BC 3000	비옥한 초승달 지대	바벨로니아 사람
중앙난방	약 BC 2500	인더스 강 유역	모헨조다로
수도관/철	약 BC 2000	터키	히타이트족

무엇을	언제	어디서	누가
유리	약 BC 2000	이집트	이집트 사람
움직일 수 있는 활자	약 BC 1500	중국	중국 사람
기계시계	BC 1090	중국	수성[Su Sung]
나침반	약 BC 100(훨씬 더 빨랐을 수 있음)	중국	청의 비취 수집가
종이	서기 105	중국	차이룬[Ts'ai Lun]
인쇄기	1430년대	독일	구텐베르크
현미경	1590	네덜란드	한스 얀센[Hans Jannsen]
망원경(굴절)	1608(최초의 기록된 특허)	네덜란드	한스 리퍼셰이[Hans Lippershey]
기계로 만든 계산기	1642(최초 실용 모형)	프랑스	파스칼
증기기관	1712	영국	헨리 뉴코멘[Henry Newcomen]
다축 방적기	1764	영국	제임스 해그리브즈[James Hargreaves]
백신 접종(천연두)	1796	영국	에드워드 제너[Edward Jenner]
열기구	1783	프랑스	조셉[Joseph]과 아이티엔 몽트골피에[Etienne Montgolfier]
철도 엔진	1814	영국	조지 스테판슨[George Stephenson]
사진술	1826	프랑스	조셉 니에프스[Joseph Niepce]
발전기	1831	영국	마이클 패러데이[Michael Faraday]
컴퓨터	1833	영국	찰스 배비지[Charles Babbage]
전신(전기로 작용)	1837	미국/영국	새뮤얼 모스[Samuel Morse]/찰스 휘스톤[Charles Wheatstone]
안전핀	1849	미국	월터 헌트[Walter Hunt]
다이너마이트	1866	스웨덴	알프레드 노벨[Alfred Nobel]
전화	1876	영국	알렉산더 그래엄 벨[Alexander Graham Bell]
전구	1878	영국	조셉 스완[Joseph Swann]
영화 카메라	1891	미국	토마스 에디슨[Thomas Edison]
무선 전신	1894	이탈리아	구그리엘모 마르코니[Guglielmo Marconi]
비행기	1903	미국	오빌[Orville]과 윌버 라이트[Walbur Wright]

무엇을	언제	어디서	누가
제트기 엔진	1930	영국	프랭크 휘틀[Frank Whittle]
텔레비전(전자)	1930	미국	블라디미르 조리킨[Vladimir Zworykin]
나일론	1935	미국	W. 캐로더스 에 알[W. Carothers et al]
휴대전화	1938	미국	앨 그로스[Al Gross]
마이크로프로세서	1969	미국	테드 호프[Ted Hoff]
인터넷(ARPA네트워크)	1969	미국	국방부
PC(the Altair)	1969	미국	마이크로인스트루먼트 원격 측정 시스템
버키볼(풀러린으로도 알려져있다. 새로운 형태의 탄소)	1985	미국과 영국	로버트 컬 주니어[Robert Curl Jr], 해롤드 크로토[Harold Kroto], 리차드 스몰리[Richard Smalley]
고온 초전도체	1986	스위스	게오르그 베드노르츠[Georg Bednorz]와 알렉스 뮐러[Alex Muller]
시계태엽장치 라디오	1991	영국	트레버 베일리스[Trvor Baylis]
비아그라	1991	영국	니콜라스 테렛 박사[Dr Nicholas Terrett]/파이저[Pfizer] 제약회사
로봇 진공 청소기	2002	미국	아이로봇사[Robot]
나노모터(원자 크기의 전기 모터)	2003	미국	알렉스 제틀[Alex Zettl]과 애덤 페니모어[Adam Fennimore]

속력에 관한 기록

육지

육지에서의 속력 기록 : 1.6km에 1,227.99km/h, 1997년 10월 15일, 네바다 주 블랙 락 사막에서 앤디 그린[Andy Green](영국)이 수립.

육지에서 오토바이의 속력 기록 : 518.45km/h, 1990년 7월 14일, 유타 주 본네빌 솔트 플랫에서 데이브 켐포스[Dave Campos](미국)가 수립.

세계에서 가장 빠르고 강력한 승용차 : 멕라렌^{Mclaren} F1. 최대 출력 627마력에 최고 속도는 386km/h로 1993년도에 첫선을 보였지만 여전히 가장 빠른 공인속력을 보유하고 있다. 이것은 신형 자동차들이 아직 공식적인 기록을 갖지 못했기 때문에 완전한 사실은 아니다. 페라리 엔조 같은 차들이 더 빠를 수도 있다.

가장 빠른 가속도 : 0.5초 미만에 0~161km/h, 로켓동력의 단거리 경주차 배니싱 포인트$^{Vanishing Point}$를 타고 '근사한'^{Slammin} 새미 밀러$^{Sammy Miller}$가 이 기록을 수립했다.

가장 빠른 레일 운반기구 : 미국 무인 로켓 썰매, 10,300km/h (마하 8.6). 2003년 4월 30일.

수중

수중에서의 속력 기록 : 511km/h, 1978년 10월 8일, 켄 와비$^{Ken\ Warby}$(호주)가 호주 뉴 사우스 웨일즈, 블로워링 댐$^{Blowering Dam}$에서 스피릿 오브 오스트레일리아$^{Spirit of Australia}$를 타고 수립.

공중

가장 빠른 로켓동력 항공기 : 실험용 로켓선 X-15-2. 1968년 고지대에서 급강하하는 동안 마하 6.72(7,327 km/h).

가장 빠른 여객기 : 콩코드 기가 수립한 기록. 최고 속도 마하 2.2(2,333km/h). 2003년 마지막 비행.

Fact!
수중 속력 기록의 추격은 아마도 세상에서 가장 위험한 일일지도 모른다. 기록을 보유한 마지막 세 명 중 두 명이 쾌속정 사고로 목숨을 잃었다.

일반 상식 정리

GENERAL REFERENCE

제곱, 세제곱, 루트

제곱근표 343의 세제곱근을 찾으려면 먼저 세제곱 열에 있는 343을 찾은 후 맨 왼쪽 열을 읽으면 7이라는 답을 찾을 수 있다.

수	제곱근 (squares)	세제곱근 (cubes)	네제곱근	다섯제곱근	여섯제곱근	일곱제곱근
2	4	8	16	32	64	128
3	9	27	81	243	729	2,187
4	16	64	256	1,024	4,096	16,384
5	25	125	625	3,125	15,625	78,125
6	36	216	1,296	7,776	46,656	279,936
7	49	343	2,401	16,807	117,649	823,543
8	64	512	4,096	32,768	262,144	2,097,152
9	81	729	6,561	59,049	531,441	4,782,969
10	100	1,000	10,000	100,000	1,000,000	10,000,000
11	121	1,331	14,641	161,051	1,771,561	19,487,171
12	144	1,728	20,736	248,832	2,985,984	35,831,808

Fact!
파이(π)는 원주를 원의 지름으로 나누었을 때 나오는 무한수이다. 아래 파이 값은 100의 자리에서 반올림 한 것이다.

3.1415926535 8979323846 2643383279
5028841971 6939937510 5820974944
5923078164 0628620899 8628034825
3421170679

기초 기하학 공식

면적

정사각형 = a^2

직사각형 = lw

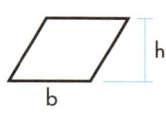
평행4변형 = bh

원 = πr^2

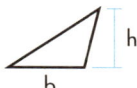
삼각형 = $1/2 bh$

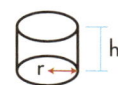
원기둥 = $2\pi rh + 2\pi r^2$

부피

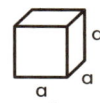
정육면체 = a^3

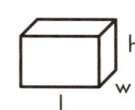
직사각형의 각기둥 = lwh

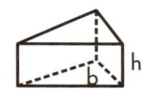
삼각기둥 = bh

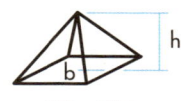
각뿔 = $1/3 bh$

구 = $4/3 \pi r^3$

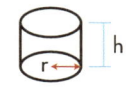
원기둥 = $\pi r^2 h$

표면적

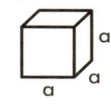
정육면체 = $6a^2$

구 = $4\pi r^2$

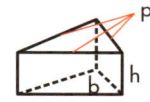
삼각기둥 = $2b$ + 삼각형의 3면의 합$(p)h$

국제단위계

무게측량은 현대 과학의 초석이다. 무게와 측량법은 역사시대 시작이래로 특별 원칙에 준해 발달되었으나 1960년, 11차 무게와 측정 총회$^{General\ Conference\ of\ Weights\ and\ Measures}$는 개선되고 통일된 미터법으로 국제단위계 또는 SI(Systeme Internationale)를 채택하였다. 이것은 전 세계 모든 과학 분야에서 사용되는 보편적 측량법이다.

큰 수의 명칭

0의 수	명칭	0의 수	명칭	0의 수	명칭	0의 수	명칭
3	천^{Thousand}	24	1,000의 8제곱^{Septillion}	39	1,000의 39제곱^{Duodecillion}	54	1,000의 54제곱^{Septendecillion}
6	백만^{Million}	27	1,000의 9제곱^{Octillion}	42	1,000의 42제곱^{Tredecillion}	57	1,000의 57제곱^{Octodecillion}
9	10억^{Billion}						
12	1조^{Trillion}	30	1,000의 10제곱^{Nonillion}	45	1,000의 45제곱^{Quattuordecillion}	60	1,000의 60제곱^{Novemdecillion}
15	1000조^{Quadrillion}						
18	1,000의 6제곱^{Quintillion}	33	1,000의 11제곱^{Decillion}	48	1,000의 48제곱^{Quindecillion}	100	1,000의 100제곱^{Googol}
21	1,000의 7제곱^{Sextillion}	36	1,000의 36제곱^{Undecillion}	51	1,000의 51제곱^{Sexdecillion}	10의 100제곱	10을 10의 100제곱한 수^{Googolplex}

SI 기준 단위

전체 SI 측정법은 7개의 기본 단위로 구성되며 각각의 단위는 아래 표에서 보는 바와 같이 하나의 물리적인 양을 나타낸다.

기본 양	명칭	상징	기본 양	명칭	상징
길이	미터	m	전류	암페어	A
부피	킬로그램	kg	열역학적 온도	켈빈	K
시간	세컨드 (second, 초)	s	물질의 양	몰	mol
			광도	칸델라	cd

온도 변환

1700년대 G. 다니엘 패런하이트$^{G.\ Daniel\ Fahrenheit}$는 표면 온도를 측정하기 위해 기상학자들이 사용하는 측정 단위인 화씨(F°)를 발전시켰다. 같은 세기에 섭씨(C°)라는 측정 단위가 두 번째로 개발되었다. 세 번째 측정단위는 나중에 과학자들이 사용하기 위해 개발했는데 켈빈온도라 알려져 있다.

화씨에서 끓는점은 212°이고 어는점은 32°이다. 섭씨에서 끓는점은 100°이고 어는점은 0°이다. 켈빈온도는 절대 영도에서 시작하고 극한의 온도가 가능하다고 여겨진다. 미국은 주로 화씨를 사용하고 그 외의 나라는 섭씨를 사용하며 과학자들은 섭씨나 켈빈온도를 사용한다. 한 단위에서 다른 단위로 전환하기 위해 다음 공식을 사용한다.

$$°C = (°F - 32) \times 5/9$$
$$°F = (°C \times 9/5) + 32$$
$$K = °C + 273$$

온도계 표

켈빈(절대) 온도 (K)	섭씨 (°C)	화씨 (°F)	켈빈(절대) 온도 (K)	섭씨 (°C)	화씨 (°F)	켈빈(절대) 온도 (K)	섭씨 (°C)	화씨 (°F)
0	-273.15	-459.67	255.372	-17.77	0	323.15	50	122
73.15	-200	-328	273.15	0	32	328.15	55	131
93.15	-180	-292	278.15	5	41	333.15	60	140
113.15	-160	-256	283.15	10	50	338.15	65	149
133.15	-140	-220	288.15	15	59	343.15	70	158
153.15	-120	-184	293.15	20	68	348.15	75	167
173.15	-100	-148	298.15	25	77	353.15	80	176
193.15	-80	-112	303.15	30	86	358.15	85	185
213.15	-60	-76	308.15	35	95	363.15	90	194
233.15	-40	-40	313.15	40	104	368.15	95	203
253.15	-20	-4	318.15	45	113	373.15	100	212

무게와 측정 단위

길이

영국의 법정 표준		미터법
1 인치		2.54 cm
1 피트	12 in	0.3048 m
1 야드	3 ft	0.9144 m
1 마일	1760 yd	1.6093 km
1 국제 해리	2025.4 yd	1.853 km

영국의 법정 표준		미터법
1 밀리미터		0.03937 in
1 센티미터	10 mm	0.3937 in
1 미터	100 cm	1.0936 yd
1 킬로미터	1000 m	0.6214 mile

면적

미터법		영국법적표준
1 평방 인치 (in²)		6.4516 cm²
1 평방 피트 (ft²)	144 in²	0.0929 m²
1 제곱 야드 (yd²)	9 ft²	0.8361 m²
1 에이커	4840 yd²	4046.9 m²
1 평방 마일 (mile²)	640 에이커	2.59 km²

미터법		영국법적표준
1 제곱센티미터 (cm²)	100 mm²	0.1550 in²
1 제곱미터 (m²)	10,000 cm²	1.1960 yd²
1 핵타르 (ha)	10,000 m²	2.4711 acres
1 제곱킬로미터 (km²)	100 ha	0.3861 mile²

부피/용량

미터법		영국법적표준
1 세제곱 인치 (in³)		16.387 cm³
1 세제곱 피트 (ft³)	1,728 in³	0.0283 m³
1 액량 온스 (fl oz)		28.413 ml
1 파인트 (pt)	20 fl oz	0.5683 l
1 갤런 (gal)	8 pt	4.5461 l

미터법		영국법적표준
1 세제곱센티미터 (cm³)		0.0610 in³
1 세제곱데시미터 (dm³)	1,000 cm³	0.0353 ft³
1 세제곱미터 (m³)	1,000 dm³	1.3080 yd³
1 리터 (l)	1 dm³	1.76 pt
1 헥토리터 (hl)	100 l	21.997 gal

법정표준(미국)	법정표준(영국)	미터법
1 액량 온스	1.0408 fl oz	29.574 ml
1 파인트 (16 fl oz)	0.8327 pt	0.4731 l
1 갤런	0.8327 gal	3.7854 l

질량

영국법적표준		미터법
1 온스 (oz)	437.5 grain	28.35 g
1 파운드 (lb)	16 oz	0.4536 kg
1 스톤	14 lb	6.3503 kg
1 헌드레드웨이트 (cwt)	112 lb	50.802 kg
1 영국 톤 (UK)	20 cwt	1.016 t

영국법적표준		미터법
1 밀리그램 (mg)		0.0154 grain
1 그램 (g)1,000 mg	0.0353 oz	
1 킬로그램 (kg)	1,000 g	2.2046 lb
1 톤 (t)1,000 kg	0.9842 ton	

시간 측정

음력 달	주	날	시간	분	초
				1	60
			1	60	3,600
		1	24	1,440	86,400
	1	7	168	10,080	604,800
1	4	28	672	40,320	2,419,200

평균 항성일

지구가 특정한 별에 대해 축을 중심으로 한 번 자전하는 시간. 23시간 56분 4.09초.

평균 태양일

지구가 태양에 대해 축을 중심으로 한 번 자전하는 주기. 24시간 0분 0.59초.

연도 The Year

지구는 365일 5시간 48분 45초 만에 태양 주위를 한 바퀴 돈다. 그러므로 달력 연도는 보통 365일이다. 윤년은 잉여 시간의 누적과 관계가 있다.

윤년 Leap Year

윤년은 나머지 없이 4로 나눌 수 있는 해이다. 그러나 끝 두 자리가 모두 0인 해의 경우 400으로 나누었을 때 2000년과 같이 나머지가 없어야 윤년이 될 수 있다.

알코올의 도수 측정법

미국과 영국의 도수 측정법은 기술의 부족으로 오늘날에 비해 알코올 함유량을 측정하기가 더 힘들었던 시대에 시작되었다. 그 이후로 미국의 측정법은 알코올의 무게비율에 의한 측정법을 표준화시켰다. 도수가 100인 알코올은 무게의 50%가 알코올인 독한 술이며 순수 알코올의 도수는 200이다. 그러므로 미국의 도수 측정법을 무게에 의한 알코올 측정으로 전환하기 위해서는 간단히 반으로 나누면 된다. 영국의 측정법은 훨씬 더 복잡했기 때문에 무게로 알코올 함유량을 측정하는 게이 루삭$^{Gay\ Lussac}$ 분류법으로 대체되었으며 병 한쪽에 예를 들어 40°이라고 써있다면 그것은 무게 당 40%의 알코올을 포함하고 있다는 의미이다.

백분율(게이-루삭 측정법으로 알려짐)	미국 도수 측정법	영국 도수 측정법 (사익스^{Sikes})
100 (순수 알코올)	200	175
77.5	155	135.6
75	150	131.3
60	120	105
57.14	114.29	100 (표준 도수)
52.5	105	91.9
50	100 (표준 도수)	87.5
48	96	84
45	90	78.7
43	86	75.2
40	80	70
37.1	74.3	65
28.6	57.1	50
22.9	45.7	40
0 (물)	0 (물)	0 (물)

Fact!

알코올의 '표준 도수'라는 용어는 17세기로 거슬러 올라간다. 사람들은 자신들이 구입한 술이 정확한 알코올을 함유하고 있는지 구별할 방법이 필요했다. 사람들은 술에 화약을 섞어 확인했다. 만약 알코올 함유량이 충분하다면 술에 섞인 화약은 불이 붙을 것이고 그 술은 '검증된(Proof) 술'이라고 할 수 있다. 즉 화약이 발화하도록 충분한 양의 알코올을 함유하고 있다고 입증이 된 셈이다. 만약 술과 화약 혼합물에 불을 붙였을 때 불길이 타오르지 않고 폭발한다면 그 술은 '과잉 표준 도수' $^{\text{Over Proof}}$라고 여겨졌다.

빅 맥$^{\text{Big Mac}}$ 경제 지표

빅 맥 지표는 '구매력 평가'의 측정으로써 「이코노미스트」$^{\text{The Economist}}$라는 잡지사에 의해 고안되었다. 이것은 국제 경제의 기본 단위인 미국 달러가 사용되는 곳에서 같은 양의 돈으로 다른 지역에서 무엇을 살 수 있는지를 측정한 것이다. 이 방식은 단순히 그 나라의 공식 환율에 따라 통화를 환산하는 것보다 더 나은 비교 방식이다. 이 지표는 어떤 통화가 미국 달러에 대해 과대평가되는지 아니면 과소평가되는지를 측정하는데 훌륭한 지표가 되기도 한다.

이 지표는 '빅 맥' 햄버거의 가격을 사용하는데 이것은 전 세계 118개국에서 거의 똑같은 조리법으로 만들어지는 일용품이기 때문이다. 빅 맥의 지역 가격은 미국 달러로 환산된다. 이것은 환율에 따른 것으로 그 후 미국 내 빅 맥 가격과 비교된다.

국가 통화

나라	통화	코드	상징
아르헨티나	아르헨티나 페소	ARS	$
호주	호주 달러	AUID	A$
오스트리아	유로	EUR	€
방글라데시	타카	BDT	Tk
벨기에	유로	EUR	€
브라질	브라질 레이스	BRL	R$
캐나다	캐나다 달러	CAD	Can$
중국	위안 인민폐	CNY	¥
쿠바	쿠바 페소	CUP	Cu$
체코 공화국	체코 코루나	CZK	Kč
덴마크	덴마크 크로네	DKK	Dkr
이집트	이집트 파운드	EGP	£E
핀란드	유로	EUR	€
프랑스	유로	EUR	€
독일	유로	EUR	€
그리스	유로	EUR	€
헝가리	포린트	HYF	Ft
인도	인도 루피	INR	Rs
인도네시아	루피아	IDR	Rp
이란	이란 리알	IRR	Rls
이라크	이라크 디나르	IQD	ID
아일랜드	유로	EUR	€
이스라엘	새로운 이스라엘 셰켈	ILS	NIS
이탈리아	유로	EUR	€
일본	엔	JPY	¥
케냐	케냐 실링	KES	K Sh
한국(남쪽)	원	KRW	W

나라	통화	코드	상징
리비아	리비아 디나르	LYD	LD
말레이시아	말레이시아 링깃	MYR	M$
멕시코	멕시코 페소	MXN	Mex$
모로코	모로코 디르함	MAD	DH
네덜란드	유로	EUR	€
뉴질랜드	뉴질랜드 달러	NZD	Nz$
나이지리아	나이라	NGN	₦
노르웨이	노르웨이 크로네	NOK	NKr
파키스탄	파키스탄 루피	PKR	Rs
필리핀	필리핀 페소	PHP	₱
폴란드	즐로티	PLN	ZL
포르투갈	유로	EUR	€
러시아	러시아 루블	RUR	R
사우디아라비아	사우디 리얄	SAR	SRls
싱가포르	싱가포르 달러	SGD	S$
남아프리카공화국	랜드	ZAR	R
스페인	유로	EUR	€
스웨덴	스웨덴 크로나	SEK	Sk
스위스	스위스 프랑	CHF	SwF
시리아	시리아 파운드	SYP	£S
대만	뉴타이완 달러	TWD	NT$
태국	바트	THB	Bht or Bt
터키	터키 리라	TRL	TL
우크라이나	흐리브나	UAH	UAH
영국	파운드	GBP	£
미국	미국 달러	US$	US$

나침반 The Compass

지구는 거대한 자석과 같아서 북쪽과 남쪽으로 흐르는 자기력선을 갖고 있다. 나침반은 중국인의 자침에서 발전되었다. 나침반의 바늘은 전기를 띠는 북쪽(자북)을 가리키는데 이는 지구의 천연 자기장에 의한 힘 때문이다. 기본 방위 협정에 따라 기본 방위는 북쪽을 기준으로 측정된다. 즉 북쪽은 0°, 동쪽은 90°, 남쪽은 180°, 서쪽은 270°이다.

자북과 진북 Magnetic North and True North

지구에서 지리학적으로 가장 북쪽에 위치한 지점인 북극(진북)은 나침반 바늘이 가리키는 북쪽인 자북과 그 위치가 다르다. 이 위치차를 편차 또는 자기편차라고 한다. 항해자들은 그들의 방향이 도표에 이전될 수 있도록 그들의 나침반 도수에 수정을 해야 한다. 자북의 위치는 천천히 이동하기 때문에 일정한 지역 내에서 편차는 해마다 바뀐다.

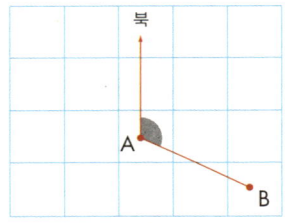

모든 항해 지도는 각 지역마다 변화율과 함께 진북과 자북의 각도차를 명시한다. 항해 시 자신의 진로 방향선과 북쪽 사이의 각도차인 지도 방위를 정확한 자기 방위로 바꾸려고 할 때 꼭 이 자기편차를 알아야 한다.

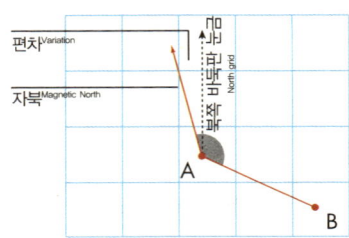

즉 자기편차가 북서에 있을 때 당신은 필요한 각도의 수를 더하기 위해 나침반을 시계 반대 방향으로 돌려야 한다.

자기편차가 북동에 있을 때는 자기편차의 각도 수를 빼기 위해서 나침반을 시계 방향으로 돌려야 한다.

깃발과 부호

모스 부호

국제적으로 인정을 받은 모스 부호는 점과 선으로 글자와 숫자를 나타낸다. 모스부호는 1838년 전신을 발명하기도 한 사뮤엘 F.B. 모스^{Samuel F.B. Morse}에 의해 발명되었다. 모스 부호를 치는 방법은 다음과 같다. 선 하나의 길이는 점의 세 배이며. 기호 사이에는 점 하나에 해당하는 간격을 남기고, 글자사이에는 점 두 개, 단어 사이에 선 하나에 해당하는 간격을 남겨둔다.

아래는 완전한 모스 부호표이다.

A	•−	J	•−−−	S	•••	1	•−−−−
B	−•••	K	−•−	T	−	2	••−−−
C	−•−•	L	•−••	U	••−	3	•••−−
D	−••	M	−−	V	•••−	4	••••−
E	•	N	−•	W	•−−	5	•••••
F	••−•	O	−−−	X	−••−	6	−••••
G	−−•	P	•−−•	Y	−•−−	7	−−•••
H	••••	Q	−−•−	Z	−−••	8	−−−••
I	••	R	•−•	0	−−−−−	9	−−−−•

수기 신호

보이 스카우트나 여행단체에게 인기가 있는 수기 신호는 서로의 시야에 있는 두 사람이 메시지를 보내기 위해 손에 쥐는 깃발 또는 불빛을 사용한다. 1794년 말뚝에 회전하는 팔을 사용한 프랑스 사람 끌로드 샤프$^{Claude\ Chappe}$에 의해 발전하게 되었고 두 깃발의 상대적인 위치가 알파벳 글자와 숫자를 표시한다.

글자 V.O.X. 또는 V.E.를 나타냄으로써 전송을 시작하거나 국제 신호기인 J를 게양하기도 한다(152쪽 참조). 신호원은 계속 진행하기에 앞서 수신인으로부터 답신이 되돌아오기를 기다린다. 수기 신호 알파벳은 아래에 나와 있다.

무선 전문 용어와 국제 신호기

글자	무선 전문용어	깃발	의미
A	알파		다이버는 아래로/ 나는 속력 시험을 하는 중이다
B	브라보		나는 폭발물을 싣고 있다/폭발물을 내리고 있다
C	찰리		긍정
D	델타		피하라/나는 힘들게 작전을 수행하고 있다
E	에코		나는 진로를 우측으로 변경한다
F	폭스트롯		나는 상태가 심각하다, 나와 통신하라
G	골프		나는 조종사가 필요하다
H	호텔		기내에 조종사가 한 명 있다
I	인디아		나는 진로를 좌측으로 변경한다
J	줄리엣		나는 수기 신호로 메시지를 보내겠다
K	킬로		즉시 배를 멈춰라
L	리마		즉시 멈춰라, 통신을 해야 한다

글자	무선 전문용어	깃발	의미
M	마이크		기내에 의사가 있다
N	노벰버		부정
O	오스카		배 밖에 있는 사람
P	파파		배가 출발하려 한다 / 너의 표시등이 꺼져있다
Q	퀘백		나의 배는 양호하다
R	로미오		나의 진로가 위치에서 벗어난다, 나를 천천히 지나가도 좋다
S	시에라		나의 엔진은 맨 뒤에 있다
T	탱코		내 앞으로 지나가지 말라
U	유니폼		너는 위험한 상황에 처해 있다
V	빅터		나는 도움이 필요하다
W	위스키		나는 의료적 도움이 필요하다
X	엑스레이		움직임을 멈추고 내 신호를 주시하라
Y	양키		나는 우편물을 나른다
Z	줄루		해안 기지를 부르거나 말을 걸기 위해

비상 신호

바다에서

다음의 신호들은 바다에서 발생하는 비상사태와 도움 요청법을 나타낸다.

1. 붉은 빛을 띠는 낙하산 조명탄이나 수동식 조명탄.
2. 간격을 두고 붉은 별모양을 발사하는 로켓.
3. 많은 양의 주황색 연기를 뿜어내는 연기 신호.
4. SOS를 위한 모스 부호로 된 무선 신호 또는 메이데이라는 말. 생명을 위협하는 비상시를 제외하고는 메이데이

라는 말을 사용하지 말 것.
5. 손을 천천히 반복해서 올렸다 내렸다 하기.
6. 계속적인 휘파람이나 사이렌 소리(3명으로 구성된 그룹의 지면 신호와는 다르다).
7. 배위의 불꽃(예 : 유성 쓰레기를 태워서)
8. 국제 신호기의 신호 NC 휘날리기(가지고 있다면).
9. 위나 아래에 공이 있는(혹은 공과 닮은 것) 정사각형의 깃발 휘날리기.
10. 기를 거꾸로 휘날리기.
11. 노나 돛대에 코트나 의류 걸어놓기.

하이킹 할 때

하이킹을 하거나 육지에서 어떤 곤란한 상황에 빠진다면 다음과 같은 신호를 보냄으로써 도움을 요청해라.
1. 삼각형. 세 개의 불꽃 또는 반사되거나 육안으로 볼 수 있는 재료로 만든다.
2. 땅에 막대기로 알아볼 수 있는 신호를 쓴다.
   SOS 또는 도와주세요.(일반적인 도움이 필요)
   I – 다친 사람이 있다.
   X – 앞으로 나아가는 것이 불가능하다.
   F – 음식과 물이 필요하다.
3. 번쩍이는 거울 – 세 개의 번쩍임.
4. 호각 소리 – 세 개.
5. 크게 쾅 하는 소리 – 바위나 막대기를 세게 친다.

이모티콘

다음의 상징과 약어는 휴대 전화의 문자 메시지에 사용된다.

이모티콘	영어	이모티콘	영어
:-)	행복한 Happy	S/o	누군가 someone
:-))	매우 행복한 Very happy	RUOK	괜찮아? Are you okay?
:-(	슬픈 Sad	RUBZ	바빠? Are you busy?
:-((	매우 슬픈 Very sad	Thx	고마워 Thanks
:'-(	눈물 Crying	CUL8R	또 봐 See you later
:-*	키스 Kiss	IMS	미안해 I am sorry
;-)	반짝임 Twinkle	ILUVU	너를 사랑해 love you
:-O	왜 Wow!	PLS	부탁이야 Please
:-x	할 말 없음 Not saying a word	XLNT	훌륭해 Excellent

국제 수화 International Sign Language

각 나라는 고유한 수화를 가지고 있다. 보편적인 수화 즉 에스페란토어와 같은 일종의 신호를 고안해내기 위해 세계 청각 장애인 연합이 최초로 1951년 국제 수화(ISL)를 만들자는 아이디어를 제안했고 그 당시 제스트노^{Gesuno}라는 임시이름을 붙였다. 이 작업은 1973년에 시작됐다. 세월이 지나면서 ISL은 국가적인 수화를 차용하여 발전해나갔다.

ISL은 제한적이고 적절한 문법도 가지고 있지 않다. 그래서 국제회의나 청각장애인 올림픽에서만 광범위하게 사용된다. 좀 더 보편적인 것은 영국 수화 지문자(손가락 알파벳으로의 손짓 대화 : 역주) 알파벳으로 수화 사용자는 이 알파벳을 사용해서 단어를 만들 수 있다.

지문자 알파벳 Finger-spelling Alphabet

일반적인 라틴어 관용구

a priori 선험적으로
ad absurdum 부조리
ad hoc 특별히
ad hominem 감정에 호소하는
ad infinitum 무한히
ad nauseam 싫증이 나도록
addenda 추가물
affidavit 선서 진술서
alma mater 모교
alter ego 분신
annus horribilis 흉년
annus mirabilis 놀라운 해
ante bellum 전쟁 전의
ars gratia artis 예술을 위한 예술
bona fide (형용사)진실한
carpe diem 현재를 즐겨라
casus belli 전쟁 원인
caveat emptor 매입자의 위험 부담
circa (생략된 c와 날짜 앞에서) 약
cogito, ergo sum 나는 생각한다, 고로 나는 존재한다 〈데카르트의 근본 철학을 나타내는 말〉
compos mentis 제정신의
cui bono? 그것으로 누가 이익을 보는가?
curriculum vitae 이력서
de facto 사실상의 (특히 de jure와 대비됨)

de jure 정당하게 (특히 de facto와 대비됨)
dues ex machine 마지막 순간에 문제를 해결하는 계획된 사건
dramatis personae 등장인물
ecce homo 이 사람을 보라(빌라도가 가시 면류관을 쓴 그리스도를 가리켜서 한 말 : 역주)
ego 자아
ergo 그런고로
et alii(생략된 et al) 그리고 다른 사람들
ex cathedra (선고의)권위를 가지고
fiat 명령
habeas corpus 인신 보호 영장(어떤 사람이 다른 사람을 법원에 데려가기 전에 피구속자의 신체를 요구하는 특별 영장의 첫 마디)
ibidem (생략형 ibid, 인용문 등에 쓰임) 같은 장소에
in absentia 부재중에, 결석 중에
in extremis 임종 시에, 죽음에 이르러
in flagrante delicto 현행범으로
in loco parentis 부모 대신에
in memoriam ~의 기념으로
in situ 본래의 장소에
in vino veritas 술에 진실이 있다, 취하면 본성이 나타난다

in vitro 생체 조건 밖에서
in vivo 생체 조건 안에서
infra 아래에, 아래쪽에
inter alia 그 중에서도
ipso facto 사실 그 자체에 의해
magna cum laude 〈대학 졸업 성적이〉우등인
magnum opus 최고 걸작
mea culpa 내 잘못 〈자기 과실의 인정〉
memento mori 죽음의 경고
mens rea 범의
mens sana in corpora sano 건강한 신체에 건전한 정신
modus operandi 일의 처리 방식
mutatis mutandis 필요한 변경을 가하여
non sequitur 불합리한 추론
passim 여기저기에 (인용된 작품에서)
per annum 해마다
per ardua ad astra 어려움을 극복하고 밝은 내일로
per capita 1인당
per centum 100에 대하여
per diem 날마다
per se 그 자체로
persona non grata 마음에 안 드는 사람
post mortem 사후의 (비유적으로)
prima facie 언뜻 보기에

pro bono 무료로 행하
pro forma 형식상의
pro rata 비례하여
pro tempore (생략형 pro tem) 임시로
quid pro quo 상당하는 물건
quo vadis? (주여)어디로 가시나이까?
quod erat demonstrandum (생략형 QED)
증명 끝
quod vide (생략형 q.v.) ~을 참조
reduction ad absurdum 귀류법 (결론의 모순됨을 증명함으로써 그 결론의 진실을 증명)
sic 그러므로, 따라서
sic transit gloria mundi 이 세상의 영화는 이처럼 사라져간다
sine qua non 꼭 필요한 것
status quo 현상 유지
stet 되살리다
sub judice 심리 중, 미결
tempus fugit 세월은 유수와 같다
terra firma 건조한 토지
terra incognita 미지의 나라
vade mecum 항시 휴대하는 물건
veni, vidi, vici 왔노라, 보았노라, 이겼노라 〈원로원에 대한 시저의 간결한 전황 보고〉
verbatim 말대로
vice versa 거꾸로, 반대로
vox populi 민중의 소리, 여론

로마 숫자

로마 숫자는 건물, 책, 시계 문자판에 날짜를 표시하기 위해 사용된다. 전체 값은 각 숫자를 더하여 구한다. 하지만 더 낮은 값의 기호가 더 높은 값의 기호 앞에 오면 낮은 값의 기호는 뺀다. 예를 들어 VI은 V+I=6인 반면 IV 는 V-I=4이다.

아라비아 숫자	로마 숫자	아라비아 숫자	로마 숫자
1	I	40	XL
2	II	45	VL
3	III	50	L
4	IV	80	XXC
5	V	90	XC
6	VI	100	C
7	VII	400	CD
8	VIII	500	D
9	IX	800	CCM
10	X	1000	M

중국 숫자

이 기호들은 기본적인 숫자들이다. 다른 숫자들은 이들을 합쳐야만 한다. 예를 들어 1+五 , 2二+五 , 5五+ 과 같다.

수	문자	수	문자	수	문자
1	一	7	七	10 000	万
2	二	8	八	1 000 000 (백만)	百万
3	三	9	九		
4	四	10	十	100 000 000 (1억)	亿
5	五	100	百	1 000 000 000 (10억)	十亿
6	六	1 000	千		

그리스 알파벳

그리스 알파벳은 과학 특히 수학에 자주 사용된다. '알파벳'이라는 단어는 그리스의 첫 두 글자에서 비롯되었다.

대문자	소문자	문자	대문자	소문자	문자	대문자	소문자	문자
A	α	Alpha	I	ι	Iota	P	ρ	Rho
B	β	Beta	K	κ	Kappa	Σ	σ	Sigma
Γ	γ	Gamma	Λ	λ	Lambda	T	τ	Tau
Δ	δ	Delta	M	μ	Mu	Υ	υ	Upsilon
E	ε	Epsilon	N	ν	Nu	Φ	φ	Phi
Z	ζ	Zeta	Ξ	ξ	Xi	X	χ	Chi
H	η	Eta	O	ο	Omicron	Ψ	ψ	Psi
Θ	θ	Theta	Π	π	Pi	Ω	ω	Omega

그리스 숫자

	units	tens	hundreds
1	A (alpha)	I (iota)	P (rho)
2	B (beta)	K (kappa)	Σ (sigma)
3	Γ (gamma)	Λ (lambda)	T (tau)
4	Δ (delta)	M (mu)	Θ (upsilon)
5	E (epsilon)	N (nu)	Φ (phi)
6	ς (digamma)	X (xi)	Ψ (chi)
7	Z (zeta)	O (omicron)	Υ (psi)
8	H (eta)	Π (pi)	ϐ (omega)
9	Θ (theta)	Ϙ (koppa)	⊤ or ⋏ (sampi)

전 세계의 새해

중국의 새해

중국의 새해는 1월 21일과 2월 19일 사이에 달이 기우는 새로운 주기에 따라 정해진다. 매해마다 상징적인 동물의 이름을 붙이는데 그 순서는 쥐, 소, 호랑이, 토끼, 용, 뱀, 말, 양, 원숭이, 닭, 개, 돼지이다.

힌두의 새해

디왈리^{Diwali}는 인도 월인 까르티카(10월 또는 11월) 15일에 열리는 5일 간의 힌두 축제이다. 디왈리는 산스크리트어 디파발리^{Deepavali}가 변화된 것으로 디파^{Deepa}는 빛을 의미하고 아발리^{Avali}는 노를 의미한다. 집집마다 부와 번영의 여신인 라크쉬미^{Lakshmi}를 맞이하기 위해 등불을 밝힌다. 디왈리 넷째 날을 새해의 시작으로 여긴다.

이슬람의 새해

회교 달력은 달의 주기에 근간을 두고 있다. 무하람은 무슬림 해의 첫 번째 달이고 첫째 날이 새해로 여겨진다. 그날은 특별 기도를 하며 회교사원에서 조용하게 거행된다. 새해의 가장 중요한 행사는 메디나의 탈출에 대한 이야기를 말하는 것이다.

유대인의 새해

로쉬 하샤나$^{Rosh\ Hashanah}$는 히브리어로 '한 해의 시작'이고 유대 월인 티쉬리^{Tishri}(9월 또는 10월) 첫째 날과 둘째 날에 치러진다. 쇼파^{shofar}는 이삭을 대신하여 희생된 동물을 상징하기 위해 숫양의 뿔로 만들어진 관악기인데 예배가 진행되는 동안 이 악기를 분다.

서양의 새해

중세 시대의 율리우스력은 3월 25일을 새해로 생각하고 이를 따랐다. 이 날짜는 1582년 그레고리안력의 도입으로 점차 1월 1일로 바뀌었다. 종종 '올드랭사인'$^{\text{Auld Lang Syne}}$(전통적인 스코틀랜드 노래) 합창곡을 자정에 부른다.

참고서적과 웹사이트

Books
Chance in the House of Fate: A Natural History of Heredity. Bloomsbury, 2001
The Top 10 of Everything, 2003, Dorling Kindersley, 2002
The Human Genome. Dorling Kindersley, 2002
Essential Psychology. Bollmsbury, 1990
History of the World. Hamlyn, 1972
The Oxford Companion to the Mind, 2nd Ed. Oxford University Press, 1987
Science: A History. Penguin, 2003
KISS Guide to the Unexplained. Dorling Kindersley, 2002
Really Useful: The history of everyday things. Firefly Books, 2002
Merck Manual of Medical Information. Pocket Books, 1997
The Macmillan Encyclopaedia. Macmillan, 2002
Psychology. Longman, 1998
A Dictionary of Mind and Body. Andre Deutsch, 1995
Medical Encyclopaedia, 4th Ed. Penguin, 1996
Your Body, Your Health Series. Reader's Digest, 2001-2003

Websites
Age of the Universe and the Big Bang: www.superstringtheory.com
Alcohol proof system: www.sasky.com/sasky/spirits/
American Sign Language: www.masterstech-home.com/ASLDict.html
Animal data: www.princeton.edu/~oa/nature/trackcard/shtml
Architecture: www.greatbuildings.com/types/styles/;www.architecture.about.com
Area 51: www.ufomind.com/area51
Cultural timelines: www.cocc.edu/cagatucci/classes/hum210/tml/asianTML.htm;
www.hyperhistory.com
Atmospheric zones: www.infoplease.com/ce6/sci/A0825414.html;
www.blueplanetbiomes.org/climate.htm
Big Mac Index: www.economist.com/markets/bigmac/
Biggest eruptions: volcano.und.nodak.edu
Cities info: www.geohive.com
Collective nouns: www.npwrc.usgs.gov/help/faq/animals/
Comets: encke/jpl.nasa.gov/
Common Latin phrases: www.users.bigpond.net.au/renton/310.htm: www.
Conversion factors and tables: www.wsdot.wa.gov/Metrics/factors.htm;
www.sosmath.com/tables/unitconv/unitconv.html
Currencies: www.nationsonline.org/oneworld/currencies.htm; fx.sauder.ubc.ca
Dams: www.tiscali.co.uk/reference/encyclopaedia/hutchinson/m0005614.html
Earthquake scales: www.fema.gov;www.infoplease.com
Economic, population and nations data; www.mrdowling.com; www.nationmaster.com;
Extra-solar planets: www.princeton.edu/~willman/planetary_systems/
Flags of the world: www.capitals.com/docs/flagsoftheworld.html

Galaxies and stars: www.astro.wisc.edu/~dolan/constellations/extra/brightest.html;
www.stardate.org/resources/faqs;
www.space.about.com/library/weekly/blskymaps.htm;
www.stardate.org/resources/galaxy/types.html
Geological timescale: www.palaeos.com/Timescale/
Geometric formulae review: www.purplemath.com/modules/geoform.htm
Great engineering achievements: www.greatachievements.org;
www.pbs.org/wgbh/buildingbig/wonder/index.html
Greek numerals: 132.236.125.30/numcode.html
Human Genome Profect: www.ornl.gov/sci/techresources/Human_Genome/home.shtml
Inventions: www.thewayitworks.co.uk
Languages of the world: www.ethnologue.com/country_index.asp
Lunar and Planetary Exploration: nssdc.gsfc.nasa.gov/planetary/chronology.htms;
starchild.gsfc.nasa.gov
Magnetic pole wanderings: anthro.palomar.edu/time/time_4.htm;
www.princeton.edu/~oa/manual/mapcompass2.shtml
Mathematics reference: Math Tables, Facts and Formulas; Coby Community College.
Colbycc.edu/www/math/math.htm;
colbycc.edu/www/math/general/arithmetic/pwrs.htm
Military info: www.strategypage.com/
Mountain ranges: climbing.highalpex.com/mountain_ranges/
Space Science Data Centre: nssdc.gsfc.nasa.gov
Natural world records: www.extremescience.com/record_index.htm;
www.guinnessworldrecords.com/
Science and technology timeline: www.historytelevision.ca/quizzes/technologyWeek/
Tallest buildings: www.skyscraper.org
Tectonic Plates of the World: geology.er.usgs.gov/eastern/plates.html
Types of particles and forces: hepwww.rl.ac.uk/public/ppd.html
Volcano info: www.volcanolive.com
Voyager info and message: voyager.jpl.nasa.gov/spacecraft/goldenrec.html
Wind-chill factors: www.nws.noaa.gov/om/windchill/index/html
Ancient wonders of the world: www.cnn.com
World and weather info: www.factmonster.com
World info: www.worldatlas.com
World religions: Ontario Consultants on Religious Tolerance.www.religioustolerance.org

찾아보기 Index

CFC 60
CFCs 77
DNA 39, 111, 112, 113
IQ 등급 117
UFO 39, 40, 41, 42
ufo 58

ㄱ

가니메데 31
갈색의 거인행성 15
감각 108, 109, 116, 118
강수량 56, 58
게놈 111, 112, 113
경제 지표 148
공군 40, 42, 89
공룡 48, 66
공학 분야의 업적 124
광구 23
광합성 46, 71, 95
구아닌 111, 112
국가 51, 79, 80, 81, 82, 83, 84, 85, 86, 87, 88, 89, 91, 131, 132, 149, 158
국제 날짜 변경선 51
국제 신호기 154, 155, 157
국제 단위계 142
국제 연맹 88
국제 연합 88
균류 95

균사체 조직망 98
그리니치 표준시 51
극지 27, 47, 49, 54, 72, 75, 77
근골격 106, 107
근접 조우 단계 41
금성 28, 29, 35, 45
기하학 공식 141
꽃 100, 129, 157

ㄴ

나노기술 76
나무 68, 98, 99, 100, 103, 133
나선은하 12, 13
나침반 18, 151, 152, 153
날씨 37, 58
내분비계 109
네레이드 33
뇌 108, 109, 116, 117, 120

ㄷ

다리 125, 126, 135
대기 23, 29, 30, 31, 32, 33, 34, 35, 36, 37, 45, 46, 47, 54, 59, 62, 63, 67, 71, 127, 157
대류권 54, 55
대류성 지대 23
대양 34, 45, 47, 69, 70, 71, 72, 73
댐 124, 125, 126, 135, 138

데이모스 30
도수 측정법 147
동물 38, 39, 48, 68, 93, 94, 95, 96, 97, 98, 100, 101, 102, 103, 104, 113, 114, 164
동물을 나타내는 다양한 표현들 96

ㄹ

라틴어 관용구 160
로마 숫자 162
로스웰 39, 40, 42
린네의 분류법 94

ㅁ

마그마 61
마리아나 협곡 70
마젤란 은하 13
맨틀 47, 61
멕시코 만류 75
면역 임파선 109
멸종 69, 95, 101
명왕성 22, 27, 28, 33, 34
모네라계 95
모스 부호 153, 156
목성 11, 12, 14, 15, 26, 27, 28, 30, 31, 34, 36, 45, 67
무게와 측정 단위 144
무기와 군대 88
무선 전문 용어 155
문화적 시각표 129
미각 118
미란다 32

ㅂ

방사상의 불균등성 32
번지점프 126
범죄 91
별자리 13, 15, 16, 17, 18, 19
보수 경계 61
보퍼트 풍력 계급 58
복제 76, 98, 113, 114
분류군 94
분화구 63, 66, 67
불규칙은하 12
블랙홀 13, 15, 46, 77
비뇨기 109
비상 신호 156
빅뱅 9, 10, 11
빌딩 71, 127, 128, 135
빙산 72, 74
빙하 16, 24, 69, 72, 75

ㅅ

사두스 117
사막화 69, 74
사망률 120
산림 100
산소 46, 54, 71, 108
생물 군계 57
생물계 94, 95
생물권 67
생물량 67, 68
생물학적 전쟁 76
생식기 110
생태계 57, 68, 75

석유 매장량 90
섭씨 143, 144
성운 10, 14
성층권 54, 55, 71
세계대전 34, 75
세계의 불가사의 134
세제곱 140, 145
소행성 33, 34, 45, 66, 76
속력 기록 102, 137, 138
수성 27, 28, 37, 94, 136
수화 95, 158
시력 116, 119
시퍼트 은하 12
식물 48, 67, 68, 71, 93, 95, 97, 98, 99, 100, 101, 103, 107, 113
식물성 플랑크톤 71
신경계 108
십이궁 19

o
아데닌 111, 112
알코올 147, 148
압축 경계 61
애리얼 32
엄브리엘 32
엠파이어스테이트 빌딩 127, 135
열권 54, 55
열대우림 56, 57
염기 111, 112, 113
오르트 22, 25
오베론 32
오염 72, 73, 75, 76
오존층 46, 54, 55, 60, 77
온실효과 45, 46
외계인 38
외계행성 11
외기권 54, 55
우주 마이크로파 10
우주 마이크로파 배경 10
우주탐사 34
위대한 발명 135
위도와 경도 49, 50
위성 10, 30, 31, 32, 33, 34, 35, 36, 37, 55
유로파 31, 34
유전자 76, 112, 113
유전자 청사진 112
윤년 146
은하 10, 11, 12, 13, 14, 17, 22, 38, 44
은하수 13, 14, 17, 22
이모티콘 158
이산화탄소 29, 30, 45, 46, 54, 108
이오 31, 129
인간 16, 19, 34, 38, 39, 48, 59, 71, 76, 90, 94, 103, 104, 110, 111
인간 게놈 111, 112, 113
인간 게놈 프로젝트 113
인간의 뼈 107
인구 44, 75, 80, 82, 83, 84, 85, 86, 87, 88, 110

인체 39, 105, 106, 107, 109, 111, 113, 115, 117, 119, 120, 121

ㅈ
자기권 24, 54
자기장 54, 151
자오선 49, 51
자외선 46, 77
적도 44, 49, 54, 60, 82
전리층 24
전쟁 74
전파은하 12
제곱근 140
좌표 49, 50
중국 숫자 162
지구 온난화 75
지구 최후의 날 74
지구의 달 33
지역 22, 24, 27, 33, 34, 39, 41, 42, 50, 58, 60, 64, 65, 66, 68, 69, 74, 98, 104, 148, 152
지진 61, 64
지진 규모 64
지질시대 48
진균류 95, 98
질병 75, 76, 103, 113

ㅊ
채층 23
천왕성 27, 28, 32, 33, 36
청각 116, 118, 158
촉각 120

충돌 분화구 66
측량법 142
침식 60
침엽수림 57, 100

ㅋ
카론 33
카시니 분할 32
칼리스토 31
컴퓨터 버그 76
켈빈온도 143
코로나 17, 23
큰 수의 명칭 142

ㅌ
타원형은하 12
타이타니아 32
타이탄 31, 34, 36
탄소 46, 60, 71, 137
태양 8, 13, 14, 15, 22, 23, 24, 25, 27, 28, 31, 32, 33, 39, 44, 45, 46, 47, 51, 62, 71, 112, 133, 146
태양계 11, 13, 14, 21, 22, 23, 25, 26, 27, 28, 29, 31, 33, 34, 38, 39, 44, 66
태양풍 24, 25, 47
토성 27, 28, 31, 32, 34, 36
토양 69, 74, 100
통화 148, 149, 150
투모 117
트리톤 33

티민 111, 112

ㅍ
파도 38, 71
판구조론 46
포보스 30
포유류 48, 94, 95, 101, 102, 103
폭포 73, 74
풍속 냉각 지수 59
프랑켄슈타인 효과 76
플랑크톤 71
플루토 33

ㅎ
항성일 146
항해 58, 152
해군 58, 89
해왕성 27, 28, 32, 33, 34, 36
해일 26, 63, 71, 77, 135
핵산 112
행성 9, 11, 12, 14, 22, 24, 27, 28, 30, 31, 32, 33, 34, 37, 45, 46, 51, 66
헬리오포즈 22
협정 세계시 51
혜성 22, 25, 26, 33, 35, 36, 37, 45, 67, 76
호수 73, 74
호흡기 106, 108, 120
화산 61, 62, 63, 65, 76, 77
화성 24, 28, 30, 34, 35, 36, 37, 46, 67
화씨 143, 144
후각 108, 116, 119
흑점 24